はじめに

今回の動物バトルは、想像力を駆使した再現といってもいいでしょう。最近、遺伝子操作によってティラノサウルスほどに巨大化したコモドドラゴンとキングコブラが大争闘するというテレビ映画がありました。ちょうどその作品のように、巨大化させることと、それぞれインドネシアとインドにいて、出会うことのないドラゴンとコブラが同じ秘密基地の中で激突すること、このふたつが特別な設定であるように、これからお目にかけるグラフィックな作品も、現実に存在する動物たちの激突ではありません。

皆、今度はすでに絶滅した古代猛獣たちが登場します。それぞれの個性と特徴を活かして、相手の有利さを打ち負かそうとする激闘ぶりは、すべて演出したものですが、それは行動学、生態学の深い研究結果に基づいています。これらの戦士たちが本当に出会うことはなかったのですが、もしあったらきっと、ここに描かれたとおりであったはずだという自信があります。そして本当にありうる、今生存している動物たちの激闘シーンより、もっと面白いはずなのです。

さ、その舞台へ、どうぞご入場ください。

平成二十八年夏
――監修者・實吉達郎しるす

【1章】第1回戦

第1回戦-1　P.018

パラケラテリウム VS メガラニア

第1回戦-2　P.022

アンブロケトゥス VS ゴルゴプスカバ

第1回戦-3　P.026

スミロドン VS ダエオドン

第1回戦-4　P.030

エンボロテリウム VS アルクトテリウム

第1回戦-5　P.036

ギガントピテクス VS ドエディクルス

第1回戦-6　P.040

カリコテリウム VS フォルスラコス

第1回戦-7　P.044

エラスモテリウム VS オオツノジカ

第1回戦-8　P.048

アルゲンタヴィス VS インペリアルマンモス

【2章】第2回戦

第2回戦-1　P.058

カリフォルニアライオン VS 第1回戦-1の勝者

第2回戦-2　P.062

第1回戦-2の勝者 VS プロコプトドン

第2回戦-3　P.066

メガテリウム VS 第1回戦-3の勝者

第2回戦-4　P.070

第1回戦-4の勝者 VS プルスサウルス

第2回戦-5　P.076

アンドリューサルクス VS 第1回戦-5の勝者

第2回戦-6　P.080

第1回戦-6の勝者 VS デイノテリウム

第2回戦-7　P.084

ティタノボア VS 第1回戦-7の勝者

第2回戦-8　P.088

第1回戦-8の勝者 VS ディプロトドン

【3章】準々決勝

準々決勝-1　P.098
? 第2回戦-1の勝者　VS　**?** 第2回戦-2の勝者

準々決勝-2　P.102
? 第2回戦-3の勝者　VS　**?** 第2回戦-4の勝者

準々決勝-3　P.108
? 第2回戦-5の勝者　VS　**?** 第2回戦-6の勝者

準々決勝-4　P.112
? 第2回戦-7の勝者　VS　**?** 第2回戦-8の勝者

【4章】準決勝・決勝

準決勝-1　P.120
? 準々決勝-1の勝者　VS　**?** 準々決勝-2の勝者

準決勝-2　P.124
? 準々決勝-3の勝者　VS　**?** 準々決勝-4の勝者

決勝　P.130
? 準決勝-1の勝者　VS　**?** 準決勝-2の勝者

コラム

- ○ルール P.010
- ○ページの見方 P.011
- ○絶滅動物たちの時代 P.012

- ○用語集 P.136
- ○絶滅動物データ P.138

エキシビジョン

エキシビジョン-1 ハルパゴルニスワシvsディアトリマ P.052

エキシビジョン-2 バシロサウルスvsメガロドン P.092

動物コラム

動物コラム 1 人類vsマンモス P.034

動物コラム 2 化石のでき方・見つけ方 P.054

動物コラム 3 マンモスが現代に復活!? P.074

動物コラム 4 おもしろい進化をした絶滅動物 P.094

動物コラム 5 さまざまなマンモスと仲間たち P.106

動物コラム 6 近年の絶滅動物たち P.116

動物コラム 7 その他のハンターたち P.128

ルール

Rule 1　トーナメントの組み合わせは抽選により決定される。

Rule 2　トーナメントに出場する絶滅動物たちは、その種の中で一般的な大きさの個体とする。オスとメスで体格や角の有無などの差がある場合、より戦いに適したほうが選ばれる。

Rule 3　すべての戦いは、体格や体重などに差があり、一方の動物が不利な対戦であってもハンデキャップは設けない。

Rule 4　臆病だったりおとなしい性質の動物でも、最初から戦わずに逃走することはないものとする。

Rule 5　戦いの舞台はどちらか一方のハンデにならないように、両者の生息地に近い環境に設定される。

Rule 6　戦いは極端な悪天候では行われないものとする。

Rule 7　戦いは昼間に行われる。夜行性の動物であっても、本来の動きができるものとする。

Rule 8　戦闘中の動物たちの行動範囲についての制限はない。

Rule 9　戦いは時間無制限で行われる。どちらか一方が戦闘不能になるか、戦いをやめて逃走した時点で戦闘終了となる。

Rule 10　ベストの状態で力を比べるため、戦いで受けた傷や疲労は次の戦いまでに完治するものとする。

戦いの舞台について

草原や森林、水中など、動物たちが生活していた場所に近い環境が戦いの舞台となる。生息場所が大きく異なる動物の対戦では、両者が実力を発揮できる舞台が両方用意される。

勝敗について

相手に戦闘を続けるのが不可能なほどの傷を負わせるか、力の差を見せつけて逃走させれば勝利。命に関わるひどいケガをしても、先に上記の勝利条件を満たせば勝者となる。

動物の性質によっては
地の利を生かす戦いをする場合も！

熱戦を制すのは
果たしてどの動物か

ページの見方

絶滅動物について

❶**ラウンド**：何回戦目かをあらわしています。　❷**戦う絶滅動物の名前**　❸**成人男性、普通乗用車との比較**：一般的な大人の男性（170センチ）、一般乗用車（横幅450センチ、高さ150センチ）と絶滅動物を比べています。　❹**スペック**：分類（どの動物の仲間かを表しています。一般的な説を採用しておりますが、研究によっては今後変わる可能性もあります）、生息年（出現～絶滅するまで）、生息地域（住んでいたところ※）、体長（動物の大きさ。詳しいはかり方はP.136・用語集を参照してください）、食性（何を食べていたか）　❺**レーダーチャート**：パワー、持久力、頭脳、攻撃力、防御力、速さ、瞬発力、凶暴性を10段階で評価しています。（似ている現生動物や、残っている化石の大きさから、編集部独自の判断をしています）　❻**初登場時**：絶滅動物の戦闘時の生態や、武器などを解説しています。／2回目以降：前回の戦いで、どのように戦っていたのかをプレイバックしています。

※新生代の地形は現代とほぼ変わりません。しかし新生代が始まったばかりの頃、北アメリカの東側はユーラシア大陸と地続きで、南アメリカと南極、オーストラリアもつながっているなど、現代の地形とは少し違っていました。その後、長い年月をかけて現在の形になったと言われています。

バトルシーン

❼**戦う場所**：左ページのルールにもあるように、2体の動物が不利にならない場所を設定しています。
❽**戦いの様子**　❾**ロックオン**：戦いにおいて注目したい場面をピックアップしています。

絶滅動物たちの時代

本書のトーナメントに参戦している動物たちは、現代には存在しない、すでに絶滅してしまった動物たちだ。彼らが生きていた時代はどれくらい前で、それはどんな時代だったのか？　それぞれの時代の特徴について学んでいこう。

地球の歴史

　地球が誕生したのは、約46億年前。そこから現代まで、さまざまな生物が生まれ、絶滅していった。長い歴史のなかで何が起きてきたのか、簡単に紹介しよう。

地質年代	冥王代	太古代（始生代）		原生代				顕生代 古生代 カンブリア紀		オルドビス紀		シルル紀	デボン紀	石炭紀	ペルム紀	中生代 三畳紀		ジュラ紀	白亜紀	新生代
年前	46億	35億	34億	27億	20億	10億	～ 6億	5.8億	5.5億	5.1億	4.8億	4.5億	4.2億	3.6億	3億	2.5億	2.2億	2億	1.3億	
主な出来事	地球誕生	原核単細胞（菌など）生物誕生	光合成生物（シアノバクテリア（藍藻））登場		真核生物（細菌類と藍藻類を除く、細胞核をもつ生物）登場	始原多細胞生物誕生	エディアカラ動物群（クラゲやミミズなどの原型）	三葉虫登場	バージェス動物群（ハルキゲニア、アノマロカリス　など）		魚類登場	昆虫類登場	初期両生類誕生	爬虫類登場	単弓類（哺乳類型爬虫類）登場	恐竜誕生	初期哺乳類誕生	始祖鳥出現 鳥類登場	恐竜絶滅	※下記参照
							大量絶滅		生命大増加		大量絶滅		大量絶滅		史上最大の大量絶滅		大量絶滅		大量絶滅	
地球環境	大気の形成	海の形成		氷河期	最古の大地	全球凍結					氷河期		氷河期						氷河期	

新生代という時代

　約6500万年前から現代までの時代を、新生代と呼ぶ。ひとつ前の時代である中生代まで繁栄していた恐竜や大型の爬虫類のほとんどは、新生代が始まる直前に絶滅。新生代では鳥類や哺乳類が大繁栄し、空や海へも進出していった。

新生代						
古第三紀			新第三紀		第四紀	
暁新世	始新世	漸新世	中新世	鮮新世	更新世	完新世
6500万年前			2300万年前		258万年前	現代

012

古第三紀

暁新世	始新世	漸新世
6500万～5600万年前	5600万～3390万年前	3400万～2300万年前

地球の気温が下がり、氷河期に突入。地上の支配者は肉食の巨大鳥で、哺乳類は小さく弱かったが、じょじょに大型化した。

■古第三紀の代表的な動物

フォルスラコス
ティタノボア

大きなできごと

巨大な肉食鳥が繁栄した

さまざまな動物の始祖が誕生

新第三紀

中新世	鮮新世
2300万～500万年前	500万～258万年前

哺乳類はさらに種類を増やし、世界中に生息範囲を広げた。ただしその中の有袋類はオーストラリアを除いて、ほぼ姿を消した。

■新第三紀の代表的な動物

ダエオドン
カリコテリウム

大きなできごと

現代の哺乳類のほとんどのグループが揃う

有袋類が生存競争に負けて減少する

第四紀

更新世	完新世
258万～1万年前	1万～現代

ヨーロッパや北アメリカのほとんどが氷の世界だったが、じょじょに気温が上昇。アフリカで人類の祖先が誕生した。

■第四紀の代表的な動物

インペリアルマンモス
スミロドン

大きなできごと

地球の気温が少しずつ上がり始める

人類の祖先が誕生して世界各地に広がる

対戦する絶滅動物たちが生きた時代

トーナメントに参加する絶滅動物たちは、どの時代に生きていたのだろうか？　下の表で、24体の出場動物が生きていた年代をまとめた。トーナメントは仮想バトルだが、生息年代が重なっている動物たちは自然界で実際に戦ったことがあるかもしれない！

パラケラテリウム
3600万〜2400万年前

ダエオドン
2400万〜1100万年前

アンブロケトゥス
5000万〜4900万年前

エンボロテリウム
4000万〜3500万年前

フォルスラコス
4500万〜500万年前

アンドリューサルクス
4500万〜3600万年前

アルゲンタヴィス
800万〜600万年前

プルスサウルス
1000万年前

ティタノボア
6000万〜5800万年前

6500万年前	5600万年前	3390万年前	2300万年前	500万年前
暁新世	始新世	漸新世	中新世	
古第三紀			新第三紀	

014

スミロドン
300万～
10万年前

ゴルゴプスカバ
258万～
1万年前

メガラニア
200万～2万年前

アルクトテリウム
200万～50万年前

カリコテリウム
2300万～250万年前

ギガントピテクス
100万～30万年前

ドエディクルス
258万～1万年前

エラスモテリウム
258万～1万年前

オオツノジカ
200万～1万2000年前

カリフォルニアライオン
258万～1万年前

インペリアルマンモス
150万～1万1000年前

プロコプトドン
78万～1万年前

メガテリウム
164万～1万年前

ディプロトドン
100万～
6000年前

デイノテリウム
2400万～100万年前

258万年前　　　1万年前　　　現代

鮮新世　　**更新世**　　**完新世**

第四紀

015

●本書は、動物を戦わせることを目的とした本ではなく、戦いを通して動物の性質・特徴を知ること、純粋な強さを明らかにすることを目的とした本です。

●本書に掲載した動物同士の戦闘シーンは、実際に戦わせたものの再現ではありません。また、戦いの結果も、必ずいつもそのような結果になるというものではなく、動物の個体の能力を考慮したうえでの、架空のシミュレーションです。

●一部、絶滅動物の姿は、化石からの研究結果や似ている現生動物の姿などを参考にしております。絶滅動物の強さや戦い方は、化石の大きさ、似ている現生動物の強さなどを参考にしております。

1回戦-1

パラケラテリウム
史上最大の巨神

大きさの比較

- 分類 ………… 奇蹄目ヒラコドン科パラケラテリウム属
- 生息年 ……… 3600万～2400万年前
- 生息地域 …… ユーラシア大陸
- 体長 ………… 体長800cm、体高550cm
- 食性 ………… 植物食

ゾウもキリンも子ども扱い

これまで地球上に現れた陸上哺乳類のなかで最も巨大な動物、それがパラケラテリウムだ。推定体重は、なんと現代最大の陸上動物であるアフリカゾウの2倍以上もある15トン。首を上げればその高さは7メートルに達し、キリンを見下ろしてしまう。これだけの巨体があれば、角や爪、牙などの武器は不要。軽く蹴るだけでもたいていの動物を軽く吹き飛ばし、ノックアウト間違いなし！

1 意外に軽いフットワーク
とてつもなく大きな体で体重も重かったが、それを支える足はすらりと長い。のろまな巨獣ではなく、高速で走ることができたといわれる。

2 オスの自慢は石頭
オスの頭の骨はメスにくらべて分厚い。これはオス同士が縄張り争いやメスをめぐる戦いで、頭をぶつけあって力比べをしていたからだという。

018

5 メガラニア

恐竜サイズのトカゲ王

レーダーチャート: パワー／凶暴性／瞬発力／速さ／防御力／攻撃力／頭脳／持久力

- 分類 ……………… 有鱗目オオトカゲ科オオトカゲ属
- 生息年 …………… 200万～2万年前
- 生息地域 ………… オーストラリア
- 体長 ……………… 500～700cm
- 食性 ……………… 肉食

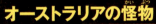

オーストラリアの怪物

現代最大のトカゲであるコモドオオトカゲに近い動物だが、体格はより大きくがっしりしており、最大サイズの7メートル級の個体であれば、体重は1トンに達したと推測されている。食性は肉食で、大型の草食獣を捕らえて食べていたようだ。コモドオオトカゲは、自分の体重の倍以上もあるスイギュウを仕留めることがある。とすれば、メガラニアならサイやカバすら獲物にしてしまうかも!?

1 肉に突き刺さる曲がった牙

メガラニアの口には、内側に向けて曲がった鋭い牙がずらりと並ぶ。獲物に刺さると引きはがしにくく、肉をちぎり取るのに最適の形なのだ。

2 太く筋肉質の尻尾

オオトカゲの仲間の尻尾は、敵を叩きのめす立派な武器。メガラニアの丸太のような尻尾で打たれたら、相手の骨はへし折れてしまうだろう。

019

1回戦-1

対戦ステージ　草原

パラケラテリウムの体格とパワーは圧倒的だが、姿勢の低いメガラニアには攻撃は当たりにくい。下からのしつこい攻めで、メガラニアにも勝機ありか？

バトルシーン 1
尻尾のムチで足を攻撃

巨大な相手にも気後れすることなく、メガラニアが先制攻撃。丸太のような尻尾をパラケラテリウムの足に何度も叩きつけ、痛めつけにかかる。だが、パラケラテリウムはまったくひるんだ様子を見せない。

打撃力のある尻尾

1メートルのオオトカゲが、尻尾で犬の足を折った記録もある。はるかに大きいメガラニアなら、さらに威力がある！

LOCK ON !!

1回戦-2

アンブロケトゥス

水陸両用の古代クジラ

レーダーチャート: パワー / 凶暴性 / 瞬発力 / 速さ / 防御力 / 攻撃力 / 頭脳 / 持久力

- **分類**……………鯨偶蹄目アンブロケトゥス科アンブロケトゥス属
- **生息年**…………5000万〜4900万年前
- **生息地域**………アジア（パキスタン、インド）
- **体長**……………300cm
- **食性**……………肉食

大きさの比較

凶暴な水辺のハンター

完全な水中生活に適応する途中の、原始的なクジラの仲間。足の指の間には水かきがあり、泳ぐときは体を上下にくねらせて、足と尻尾で力強く水をかいて進んだ。ワニのような形の頭の骨は、アンブロケトゥスが獰猛な捕食者だったことを証明している。水辺に身を潜めて待ち、水を飲みに来た動物に襲いかかる奇襲戦法の前では、油断した獲物などひとたまりもない！

1 潜望鏡のような目

頭の上のほうに目がついており、体を水の中に隠したまま水面から目だけ出して、獲物を探すことができた。隠密行動には欠かせない秘密兵器だ。

2 獲物を逃がさない力強いアゴ

長くがっしりしたアゴには鋭い歯が並ぶ。このアゴで獲物をしっかり挟み、水中に引きずり込んで仕留めたと考えられる。

022

ゴルゴプスカバ

威風堂々たる川の支配者

レーダーチャート: パワー / 凶暴性 / 瞬発力 / 速さ / 防御力 / 攻撃力 / 頭脳 / 持久力

- 分類 ……… 鯨偶蹄目カバ科カバ属
- 生息年 ……… 258万～1万年前
- 生息地域 ……… アフリカ
- 体長 ……… 400～500cm
- 食性 ……… 植物食

超重量級の古代カバ

現代のカバそっくりの外見だが、体はさらに大きい。カバは縄張り意識がとても強く、アフリカで最も危険な動物に名前が挙がるくらい獰猛な性質だ。より大きな体格を誇るゴルゴプスカバは、さらに恐ろしい存在だったはず。巨体で突進して相手を突き倒して踏みにじるか、はたまた長大な牙を突き立てるか？　どちらにしろ、ゴルゴプスカバを怒らせた者は命の保証はない！

1 下アゴに備えた2本の槍

下アゴの犬歯は、主食の水草を掘り起こすために長く発達。咬みつけば、牙は相手の皮膚をたやすく突き破り、致命的な傷を負わせる。

2 ゾウに匹敵する大巨獣

現代のカバは大きいもので体重4トン近くになるが、ゴルゴプスカバはさらに大きい。この巨体が怒り狂って暴れたら、もはや止めようがない！

023

1回戦-2

対戦ステージ　**水中／水辺**

体格ではゴルゴプスカバが圧倒しているが、アンブロケトゥスの長いアゴもあなどれない武器！水陸両用の両雄はどんな戦いを見せるのか？

バトルシーン1

アンブロケトゥスが相手を翻弄

両者の主な生活の場である水中で、バトルスタート。ゴルゴプスカバはアンブロケトゥスに咬みつこうとするが、変幻自在に泳ぎ回る相手をとらえきれない。逆にアンブロケトゥスのほうは、やりたい放題だ！

水中戦ではアンブロケトゥスが圧倒！

LOCK ON!!

水かきのある足
アンブロケトゥスは、水中では水かきのある後足と尻尾を使って、アシカやアザラシのように泳ぎ回る。

024

バトルシーン2
戦いは地上戦へと移行

水中戦では分が悪いと思ったのか、ゴルゴプスカバは強引に陸に上がろうとする。アンブロケトゥスは再び得意の水中戦にもち込もうと相手の後足に咬みついて引っ張るが、パワーの差で引きずられてしまう。

LOCK ON!!

ワニのようなアゴ
獲物に咬みついて水中に引き込むのは、アンブロケトゥスの得意技。だが、今回は相手が大きすぎた。

バトルシーン3
力任せの叩きつけが炸裂！

陸に上がったゴルゴプスカバは、激しく体をゆすってアンブロケトゥスを振り払った。そして水中に逃げようとするアンブロケトゥスを追いかけ、口にくわえると勢いよく岸に叩きつけてノックアウトした！

ゴルゴプスカバの勝ち！

1回戦-3

スミロドン
巨獣専門のビッグ・ハンター

- 分類 …………… 食肉目ネコ科スミロドン属
- 生息年 ………… 300万～10万年前
- 生息地域 ……… 北アメリカ、南アメリカ
- 体長 …………… 190～210cm
- 食性 …………… 肉食

大きさの比較

伝家の宝刀で獲物をひと刺し！

「サーベルタイガー」とも呼ばれる、最強の肉食獣。その名のとおり、研ぎ澄まされた刃物のような長い牙をもつ。待ち伏せ型の狩りが得意で、獲物の体に長大な牙を突き立て、血管を切り裂いて失血死させたという。この狩りのスタイルは、すばしこい小さな獲物ではなく、動きが鈍い大きな獲物を狩るために身につけたもの。スミロドンは古代最強の大物食いだったのだ！

1 すべてを貫く最強の牙

トレードマークとなっている上アゴの牙は、長さ20センチ以上もある。マンモスの分厚い皮膚すらも、この牙ならば簡単に貫通できただろう。

2 最強の牙を撃ち出す砲台

体つきはがっしりとしており、首と前足の筋肉がよく発達していた。前足でしっかり相手を抑え、首の筋肉を使って牙を深く突き立てたのだ。

026

ダエオドン

太古の巨大イノシシ

● 分類	鯨偶蹄目エンテロドン科ダエオドン属
● 生息年	2400万～1100万年前
● 生息地域	北アメリカ
● 体長	300cm
● 食性	雑食

気の荒い暴れん坊

イノシシに近い動物で姿も似ているが、体格ははるかに大きく体長は2倍以上。サイなみの巨体を誇る。体に対して頭がかなり大きく、アゴもがっしりとしたつくり。咬む力はかなり強かったと推測されており、植物だけでなく動物の死骸も骨まで咬み砕いて食べていたという。敵との戦いでは巨体のパワーで相手を突き転がすだけでなく、咬みつきも強力な武器になったはずだ。

1 さまざまな形の頑丈な歯

大きく発達した門歯と犬歯をもち、口の奥にある臼歯も頑丈。捕食者ではなかったようだが、咬みつけば相手に大きな傷を与えられただろう。

2 激しい闘争心

発見された化石のなかには、戦いでついたと思われる傷が残るものも多い。メスをめぐる戦いか、獲物の奪い合いか、闘争心は旺盛だったようだ。

027

1回戦-3

対戦ステージ　**森林**

肉食獣を跳ね飛ばす弾丸のようなダエオドンは、スミロドンにとっても危険すぎる相手。一撃必殺のパワーを秘めた者同士の、緊迫の対決だ。

バトルシーン 1
ダエオドンが猛突進

気の荒いダエオドンがスミロドンに突進。その体格ではじき飛ばすか、咬みつくか。ダエオドンのパワーなら、たった一発の攻撃でスミロドンを戦闘不能にしてしまう可能性も十分すぎるほどある！

体格差で圧倒するダエオドン！

LOCK ON!!

危険なアゴ
ダエオドンは雑食といわれるが、立派な牙をもち咬む力も強い。咬まれたらスミロドンといえど危ない。

バトルシーン 2
ダエオドンの猛攻がストップ

バトル開始から防戦一方だったスミロドンは、岩によじ登ってようやく一息ついた。そして上から相手を見下ろして、反撃に転じるチャンスをうかがう。ダエオドンにも油断はなく、息詰まるにらみ合いが続く。

必殺のサーベル牙
長い牙はスミロドン最強の武器。相手の急所に突き刺せば勝利は確定するが、それは簡単なことではない。

LOCK ON!!

LOCK ON!!

バトルシーン 3
必殺の一撃が暴獣にとどめを刺す！

ダエオドンは相手を岩ごと弾き飛ばしそうな勢いで突進するが、同時にスミロドンが大ジャンプ。ダエオドンの背中にしがみつくと、牙を首筋に突き刺した！ これが致命傷となりダエオドンは倒れた。

スミロドンの勝ち！

029

1回戦-4

エンボロテリウム

敵を打ち砕く巨大ハンマー

大きさの比較

- **分類**……………奇蹄目ブロントテリウム科エンボロテリウム属
- **生息年**…………4000万〜3500万年前
- **生息地域**………アジア（モンゴル）
- **体長**……………430cm
- **食性**……………植物食

強力な武器とパワーをあわせもつ巨獣

名前は「大槌をもつ獣」という意味で、その名のとおり鼻の上に板状に広がったヘラのような形の角をもつ。近縁種であるブロントテリウムの化石には、仲間の角で傷つけられた跡が見つかっており、エンボロテリウムも闘争にこの角を使っていた可能性は濃厚だ。現代のサイをしのぐ巨体のパワーをのせて繰り出される鉄槌は、敵の骨をも砕く必殺の武器となったはずだ！

1 骨質の太い角

角は鼻の骨が発達してできたもので、長さは最大で70センチもあった。この角を突き合わせたり、下からすくい上げるように使っていたようだ。

2 頭をおおう強固な装甲板

角の根元から額の上までの骨が分厚く、鎧のように頑丈だった。角だけでなく、この硬い部分を利用した頭突きも強烈だったに違いない。

030

アルクトテリウム

史上最大級の巨大グマ

- 分類 ……… 食肉目クマ科アルクトテリウム属
- 生息年 ……… 200万年～50万年前
- 生息地域 ……… 南アメリカ
- 体長 ……… 350cm
- 食性 ……… 肉食

南アメリカに君臨した豪腕の帝王

現代最大の肉食獣・ホッキョクグマは体重800キロにもなるが、古代にはこれを上回る大グマが存在した。その怪物の名はアルクトテリウム。推定体重は1.6トンというから、カバやサイにもひけをとらない大怪獣である。クマ類の張り手は、ウシやアザラシを一撃で殴り倒すほど強烈だ。アルクトテリウムも、豪腕を振り回し、あらゆる動物を獲物にする、最強の捕食者だったという！

1 ゾウ並のパワーの腕

上腕骨（肩から肘までの骨）は、なんとゾウと同じくらいのサイズ。この丸太のような腕で殴れば、どんな獲物も簡単に仕留められただろう。

2 強烈な生存能力

化石からは何度か重傷を負いながら生き抜いてきた痕跡が見つかっている。ケガをしても簡単には死なない体力や知恵をもつ動物だったようだ。

031

1回戦-4

対戦ステージ　**草原**

巨体を誇るエンボロテリウムだが、史上最大級のクマであるアルクトテリウムも負けてはいない。純粋な力と力の対決が見どころだ。

バトルシーン 1
アルクトテリウムが咬みつきの先制攻撃

先手を取ったのはアルクトテリウム。相手の背中におおい被さり、腰に咬みついた。エンボロテリウムにとっては致命的な傷ではないが、このまま放っておけば相手の牙が骨にまで達するかもしれない！

LOCK ON!!

肉食獣の牙
現代は雑食性のクマが多いが、アルクトテリウムは肉食。長く鋭い牙は大型草食獣の厚い皮膚も突き破る。

バトルシーン 2
エンボロテリウムが角で反撃

後足で蹴り放して相手の牙から逃れたエンボロテリウムは、再び背後を取られないように慎重に相手をにらみながら、角でぐいぐいと押しまくる。アルクトテリウムは圧力に耐えきれず、突き倒されてしまった。

力比べはエンボロテリウムに軍配！

骨太の角
エンボロテリウムの角は幅広で、鈍器のようなもの。体重をかけて突きのめせ、かなりの圧力になる。

LOCK ON!!

アルクトテリウムの勝ち！

バトルシーン 3
アルクトテリウムの豪腕スイングが炸裂

アルクトテリウムにダメージはなく、すぐに起き上がる。エンボロテリウムは、再び角で突き倒そうと近寄っていった。次の瞬間、アルクトテリウムは剛腕を一振り。エンボロテリウムの首が変な角度で曲がった!!

コラム1

人類vsマンモス

マンモスはかなり近年まで生き残っていた動物で、人類の祖先たちとは生きていた時代も地域も重なっていた。人類はこの巨獣たちと、どのようにつきあってきたのだろうか？　歴史の謎に迫っていこう！

人類はマンモスを狩ったのか!?

人類は道具を使うことを覚えてから自然界における強者へと成り上がっていったが、成体のマンモスは危険な相手だった。群れからはぐれた子どもや弱った個体を狩る、というのが主流だったと考えられている。

ネアンデルタール人（旧人）
35万年～2万年前に生息。住居の跡から動物の骨が見つかり、狩猟生活をしていたことがわかる。

クロマニオン人（新人）
4万年～1万年前に生息。彼らが残した壁画には、野生動物との戦いを描いたものもある。

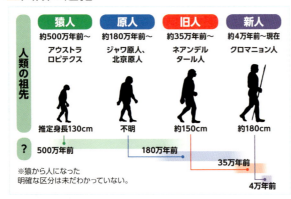

ネアンデルタール人
現代人より骨格がたくましい。同時代のマンモスの骨には石器で傷つけられた跡が残っており、狩りの対象だったようだ。

■ 主に食していたもの

肉類	ネアンデルタール人の遺跡からはトナカイの骨がよく見つかることから、主食だったようだ。
魚類	遺跡で魚の骨が見つかる例はほとんどなく、貝や海藻を食べていたと考えられている。
植物	歯の化石から、加熱調理した植物を食べていた跡が見つかっている。ハーブ類も好んで食べたようだ。

食べものは、肉類が多め
（植物／魚類／肉類）

マンモスは巨大で人間よりずっと力も強い。落とし穴や崖下に追い込んで、ケガをさせてから狩ったのだろう。

マンモスの利用

マンモスの肉は食用になったほか、皮は衣服の材料になり、腱※は皮ひもとして利用されたという。頑丈な牙や骨は、武器や装飾品などに加工された。またロシアではマンモスの牙や骨を使って組み上げられた「マンモスハウス」と呼ばれる住居も見つかっている。

※腱：筋肉と骨をつないでいる組織のこと。線維の束になっている。

肉や脂：焼いて食べる。

皮や毛皮：皮で家をおおう（防寒）、服などに利用。

牙や骨：武器・装飾品に加工、家の骨組みになど、生活のさまざまな場面で活用された。

035

1回戦-5

ギガントピテクス

最大最強の類人猿

レーダーチャート: パワー / 凶暴性 / 瞬発力 / 速さ / 防御力 / 攻撃力 / 頭脳 / 持久力

- **分類**……………サル目ヒト科ギガントピテクス属
- **生息年**…………100万～30万年前
- **生息地域**………アジア（中国、インド、ベトナム）
- **体長**……………300cm
- **食性**……………植物食

大きさの比較

剛力無双の森の賢人

下アゴと歯の化石しか発見されていないが、奥歯は一辺が2.5センチもあり、アゴの骨も現代人の2倍以上の長さがあった。そこから推定された姿は、身長約3メートル、推定体重300～540キロという大巨人！ 深い森に住むオランウータンやゴリラに近い生態だったと推測されており、普段は穏やかでも、怒らせるととてつもない怪力を発揮するキングコングに変貌したのかもしれない。

1 ゴリラ以上の超パワー

ゴリラやオランウータンは、鉄の棒もねじ曲げるという怪力のもち主。さらに大柄なギガントピテクスなら、大木をもへし折るだろう。

2 類人猿なら知能は高い？

オランウータンは、道具を使って狩りをするほど知能の高い動物だ。近い仲間であるギガントピテクスも、かなり頭が良かった可能性が高い。

ドエディクルス

重武装の鎧騎士

レーダーチャート: パワー / 凶暴性 / 瞬発力 / 速さ / 防御力 / 攻撃力 / 頭脳 / 持久力

- 分類　　　被甲目グリプトドン科ドエディクルス属
- 生息年　　258万〜1万年前
- 生息地域　南アメリカ
- 体長　　　360〜400cm
- 食性　　　植物食

鉄壁の鎧と強力な武装

小さな骨の板が集まって作られた、カメのような甲羅を背負った動物。敵に襲われると手足を縮めて甲羅の下に隠し、身を守ったと考えられている。尻尾の先には直径60センチもあるトゲのかたまりがついており、しつこい敵に対しては尻尾を振り回して応戦したようだ。ドエディクルスは敵に襲われても逃げることなく、戦って勝利するために進化した生粋の重戦士なのだ!

1 全身をおおう強固な鎧

骨でできた鎧はとても硬く、肉食獣の鋭い牙や爪も通用しなかった。長い尻尾も鎧でおおわれており、万全の守りを誇っていた。

2 一撃必殺のトゲ棍棒

中世の騎士が使っていた武器のようなトゲだらけの尻尾は、敵を打ちのめす必殺兵器。まともに当たれば、肉食獣のアゴを砕いてしまっただろう。

1回戦-5

対戦ステージ　**草原**

ドエディクルスは鉄壁の鎧に尻尾という武器まで備えた、攻防に優れる強者だ。この難敵に、腕力と知恵を生かして、ギガントピテクスが挑む!

バトルシーン 1
ギガントピテクスの連続パンチ

ギガントピテクスは慎重に相手を観察し、ドエディクルスが危険な牙をもつ相手ではないことを確認してから近づいた。だが、どのように攻撃していいものかわからず、ひたすら硬い胴を叩き続ける。

ドエディクルスが鉄壁の守りで防戦

胴体をおおう鎧
ドエディクルスの胴体は、骨の鎧でおおわれている。肉食獣の爪や牙も寄せつけず、防御力は完璧だ。

バトルシーン **2**
腕力で揺さぶりをかける ギガントピテクス

硬い胴体をいくら叩いても効果がないことに気づいたギガントピテクスは、相手をひっくり返してしまおうと考えた。腹の下に手を差し入れ、力を込めるギガントピテクス。怪力でドエディクルスの体が傾く！

ドエディクルスがひっくり返される？

LOCK ON !!

類人猿最強のパワー
人間よりずっと力が強いギガントピテクスなら、力任せにドエディクルスを転がすことも可能だ！

尻尾の先の凶器
ドエディクルスの尻尾の先は、骨のトゲのかたまり。近寄ってきた敵には、これを叩きつけて粉砕する。

バトルシーン **3**
尻尾ハンマーの 痛烈な一撃が命中

相手をひっくり返せば、ギガントピテクスは勝利に近づく。だが、ギガントピテクスの立ち位置は、ドエディクルスの射程内だった。ドエディクルスは尻尾をしならせて相手を痛打！ 一撃で戦意を失わせた。

ドエディクルスの勝ち！

1回戦-6
カリコテリウム
カギ爪のナックルウォーカー

レーダーチャート: パワー／凶暴性／瞬発力／速さ／防御力／攻撃力／頭脳／持久力

大きさの比較

- **分類** ……… 奇蹄目カリコテリウム科カリコテリウム属
- **生息年** …… 2300万～250万年前
- **生息地域** … ユーラシア大陸
- **体長** ……… 200cm
- **食性** ……… 植物食

ナックルウォークの獣

後足より前足がかなり長い。ゴリラのように前足の指の節を地面につける、「ナックルウォーク」と呼ばれる歩き方をしていたといわれる。前足には鋭いカギ爪があり、これを引っかけて木の枝をたぐり寄せて木の葉を食べていたようだが、敵に襲われたときには身を守る武器にもなった。前足を使った攻撃はリーチが長く、肉食獣といえども、うかつには近寄れない危険な相手だったはずだ。

1 3本の長い爪
前足は3本指で、先端には鋭いカギ爪があった。食べ物をとるために発達したものだが、他の動物の皮膚も簡単に引き裂くことができただろう。

2 パワフルな長い腕
歩行時は大きな体を支え、食事のときは丈夫な木の枝をたぐり寄せていた長い腕には、かなりの力があったと考えられる。

040

5 フォルスラコス

走り寄る死のクチバシ

- 分類 ……… ノガンモドキ目フォルスラコス科フォルスラコス属
- 生息年 ……… 4500万〜500万年前
- 生息地域 ……… 南アメリカ
- 体長 ……… 150〜300cm
- 食性 ……… 肉食

肉食恐竜の後継者

空を飛ぶことをやめ、地上生活に適応した鳥。古代の肉食恐竜のようながっしりした足をもち、食糧となる他の動物たちを追い回していたと考えられている。獲物に追いついたあとは、猛禽類（ワシやタカの仲間）のような鋭いクチバシでつつき、肉を引き裂いて仕留めたのだろう。フォルスラコスは同じ時代に生きたあらゆる動物を恐れさせた、地上の支配者だったのだ！

1 鳥類最速級の快速ランナー

近縁種のノガンモドキ（現生）は、時速60キロで走ることができる。足の構造がよく似たフォルスラコスも同じくらいの速さで走れた可能性が高い。

2 巨大な頭部

頭の長さは約60センチもあり、その半分をクチバシがしめる。硬く重いクチバシによる攻撃は、手斧で殴りつけるようなものだっただろう。

041

1回戦-6

対戦ステージ　**森林**

カリコテリウムの腕力とカギ爪は、軽視できない武器。スピードではフォルスラコスが勝るが、捕まえてしまえばカリコテリウムが有利か？

バトルシーン 1
互いに相手の様子をうかがう

遠距離でのにらみ合いからバトルスタート。カリコテリウムは立ち上がって体を大きく見せると同時に、前足のカギ爪を見せつけて敵を威嚇する。フォルスラコスは初めて見る相手の力を見極めている様子。

息詰まるにらみ合いが続く！

LOCK ON!!

大きなカギ爪
カリコテリウムの前足のカギ爪は、大きく鋭い。見せるだけでも、賢い相手なら強い警戒心をもつ。

042

バトルシーン 2
フォルスラコスの奇襲

強烈な突進に押され
カリコテリウムが転倒！

にらみ合いの時間は、唐突に終わった。フォルスラコスが猛ダッシュして、カリコテリウムにクチバシを叩きつける！カリコテリウムの威嚇は、凶暴なフォルスラコスにはまったく効果がなかったようだ。

LOCK ON !!

巨大なクチバシ
フォルスラコスのクチバシは30センチ以上もあり、重くて頑丈。ハンマーで殴るような衝撃を与えられる。

バトルシーン 3
フォルスラコスが猛攻で
相手を圧倒

相手を突き倒したフォルスラコスは、すかさずクチバシで連続攻撃。カリコテリウムは押しのけようとするが、相手に抑えられてうまく体を動かせない。攻めどきを逃さない、フォルスラコスの見事な戦いぶりだ。

フォルス
ラコス
の勝ち！

043

1回戦-7

エラスモテリウム

伝説の一角獣

レーダーチャート:
- パワー
- 凶暴性
- 持久力
- 瞬発力
- 頭脳
- 速さ
- 攻撃力
- 防御力

- **分類**……奇蹄目サイ科エラスモテリウム属
- **生息年**……258万～1万年前
- **生息地域**……ユーラシア大陸
- **体長**……500cm
- **食性**……植物食

大きさの比較

威圧感たっぷりの長大な大角

体格は、現代最大のサイであるシロサイよりもひとまわり大きい。額に分厚い骨のコブがあり、この部分を台座として1本の角が生えていた。コブの大きさから推定される角の長さは、なんと2メートル。仲間へのアピールに使われたと考えられているが、敵に対する武器にもなっただろう。この長大な角で貫かれたら、クマのような大型の肉食獣でさえ命を失うことになる！

1 疾走に適した足

現代のサイよりも足が長く、ウマのように速く走ることができたと考えられている。体は大きいが、その戦いぶりは意外に軽やかだったのかもしれない。

2 身の守りも万全

寒い地方で生活していたため、全身は長い毛でおおわれ、皮膚の下には分厚い脂肪の層があった。生半可な攻撃は通用しない鋼の肉体だ。

オオツノジカ

草原を駆けるシカの王

- **分類** ……… 鯨偶蹄目シカ科メガロケロス属
- **生息年** ……… 200万～1万2000年前
- **生息地域** ……… ユーラシア大陸
- **体長** ……… 250～310cm
- **食性** ……… 植物食

史上最大級の枝角

その名のとおり、非常に大きな角をもつシカ。左右の角の端から端までの長さは最大3.5メートルにもなり、現在までに発見されているシカの仲間では最大級のサイズを誇る。現代のシカがそうであるように、オオツノジカも仲間たちと角を突き合わせ、縄張り争いやメスをめぐる戦いを繰り広げていたという。敵に襲われたときも、巨大な角を振りかざして勇敢に戦ったのだろう。

1 角を支える力強い首

角の重さは45キロにもなり、それを支えるために首の骨と筋肉が発達した。人間くらいなら、角に引っかけて投げ飛ばすことなどたやすい。

2 速さと力を両立した足

4本の足の骨は太く長い。広い草原で生活していたため走るのは速かっただろうが、角を使った突き合いで踏ん張る力強さも兼ね備えていただろう。

045

1回戦-7

対戦ステージ　草原

サイとシカ、それぞれの仲間では史上最大級の角をもつ両雄。どちらの角が相手を突き倒すのか！プライドを賭けたバトルが始まる。

バトルシーン 1

オオツノジカは臨戦態勢

先に相手を発見したのはオオツノジカ。遠くから相手の様子をうかがっている。エラスモテリウムはオオツノジカを気にかける様子もなく、ゆうゆうと草を食べている。いたってマイペースだ。

相手を見つめるオオツノジカ

LOCK ON!!

2メートルの大角
エラスモテリウムの角は、体毛が固まってできたもの。敵を威圧・牽制し、突き倒す強力な武器だ。

046

バトルシーン 2
互いの自慢の角が正面衝突！

エラスモテリウムに、オオツノジカが突進。両者は頭を低く構えて角をぶつけ、激しい打ち合いが始まった！どちらもまったく引く様子はない。周囲には大きな衝突音が何度も響き渡る。

LOCK ON!!

頑健な首
巨大な角の重さを支えるオオツノジカの首はたくましい。エラスモテリウムにも、首の強さでは劣らない。

エラスモテリウムの勝ち！

バトルシーン 3
体重差が勝負を分ける

打ち合いは互角の攻防が続いたが、次第に体重が軽いオオツノジカが押されていく。そしてついに圧力に耐えきれず、オオツノジカは突き倒されてしまった。敗北を悟ったオオツノジカは、その場を去っていった。

047

1回戦-8
アルゲンタヴィス
天空を舞う恐怖の大王

- 分類 ………… タカ目テラトルニス科アルゲンタヴィス属
- 生息年 ……… 800万～600万年前
- 生息地域 …… 南アメリカ
- 体長 ………… 体長150cm、翼長700～750cm
- 食性 ………… 肉食

大きさの比較

ゾウより大きい超巨大鳥
体の一部分の化石しか見つかっていないが、そこから推定された姿は、翼を広げると7メートル以上という巨大鳥！ これはゾウの体をおおい隠せるサイズで、空を飛ぶことができた鳥のなかでは史上最大の大きさだ。現代のコンドルに近い仲間で、グライダー（滑空機）のように空を舞って獲物を探していたという。はるか上空からすべてを見通す鋭い目から、逃げおおせるのは不可能だ！

1 肉を引き裂くクチバシ
おもな獲物は動物の死骸だったという。大型動物の分厚い皮膚も突き破ることができる、鋭く頑丈なクチバシをもっていたようだ。

2 省エネで長時間飛行
飛ぶときは大きく翼を広げ、上昇気流を利用して空に舞い上がった。おそらくコンドルと同じように長時間飛ぶのも得意だったはずだ。

048

インペリアルマンモス

マンモスの帝王

レーダーチャート:
- パワー
- 凶暴性
- 瞬発力
- 速さ
- 防御力
- 攻撃力
- 頭脳
- 持久力

- **分類**……………ゾウ目ゾウ科マンモス属
- **生息年**…………150万〜1万1000年前
- **生息地域**………北アメリカ
- **体長**……………800cm
- **食性**……………植物食

長大な牙は王者の証

ヨーロッパのステップマンモスや中国の松花江マンモスと並んで、最も大きかったといわれるマンモス。なかでも牙の立派さにかけては、インペリアルマンモスの右に出るものはいない。大きく湾曲した牙の長さは、最大で4メートルを超える。こんな長い牙を振り回されたら、敵は近づくことはできない。インペリアル（帝王）の名にふさわしく、圧倒的な威圧感で敵を制圧する！

1 鎧のような皮膚

暖かい地方で生活していたため、体毛はあまりなかったと考えられている。現代のゾウと同じように、皮膚は分厚く頑丈だった可能性が高い。

2 最大級の体格が生み出す超パワー

肩までの高さは4メートル以上。アフリカゾウ以上の巨体に秘めたパワーはすさまじく、暴れる姿は「破壊の化身」のようなものだっただろう。

049

1回戦-8

対戦ステージ　原野

アルゲンタヴィスの空中からの襲撃に、空を飛べないインペリアルマンモスはどう戦う？　史上最大級の鳥類と哺乳類による大迫力のバトル！

バトルシーン 1
攻撃の主導権はアルゲンタヴィスに

アルゲンタヴィスはゆうゆうと上空を飛びながら地上の相手を観察し、攻撃の隙をうかがう。インペリアルマンモスは油断なく相手の動きに目を光らせるが、アルゲンタヴィスが降りてこないと何もできない。

巨大な翼で滑空
アルゲンタヴィスは、羽ばたかずに長い間飛ぶことができる。上空からゆっくり攻撃チャンスを探している。

上空の敵を見上げるインペリアルマンモス

バトルシーン **2**

アルゲンタヴィスが
攻撃開始！

アルゲンタヴィスが高度を下げ、高速で滑空しながらインペリアルマンモスに攻撃！ すれ違いざまに足の爪で一撃を与えていく。インペリアルマンモスの目を傷つけてから、じっくり痛めつけるつもりだ。

猛禽の爪

現代のコンドルよりも足の爪は鋭い。目や耳などデリケートな場所に引っかければ、十分に傷を与えられる。

LOCK ON !!

バトルシーン **3**

攻撃パターンを見透かして
反撃成功！

インペリアル
マンモス
の勝ち！

アルゲンタヴィスの攻撃は効果的だったが、同じ場所を何度も狙ったのは失敗だった。インペリアルマンモスはタイミングをあわせ、鼻をぶつけて撃墜！ 叩き落とされたアルゲンタヴィスに、もう勝ち目はない。

051

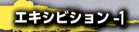

エキシビション-1
ハルパゴルニスワシ
vs
ディアトリマ

強靭な足とクチバシをもつディアトリマは、当時のライオンやトラの地位にいた最強のハンターだった。だが、襲いかかるハルパゴルニスワシのスピードはあまりにも速く、捕まえることができない。羽はむしられ、肉を引き裂かれたディアトリマは、たちまち戦意をなくしてしまった。ディアトリマの攻撃が一発でも当たれば展開は変わったかもしれないが、今回は一方的な戦いだった。

鳥類最強の座を賭けて 空と地上の王者が激突！

パワー / 凶暴性 / 瞬発力 / 速さ / 防御力 / 攻撃力 / 頭脳 / 持久力

地上の暴君
ディアトリマ

● 分類	ガストルニス科ディアトリマ属
● 生息年	6000万〜500万年前
● 生息地域	北アメリカ、ヨーロッパ
● 体長	200〜220cm
● 食性	肉食

自然界の頂点に君臨した圧倒的な捕食者

地上で生活していた肉食の巨大鳥で、体重は最大で500キロにもなったと推定される。長くたくましい足のおかげで高速で走れ、巨大なクチバシで同時代に生息していた原始的な哺乳類を襲って食べていたようだ。肉をむさぼるその姿は、太古の肉食恐竜そのものだ！

天空の闘神
ハルパゴルニスワシ

モアすらも襲った空飛ぶ猛獣

体重15キロに達したといわれる史上最大級の猛禽類（ワシやタカの仲間）。上空から獲物を探し、発見すると急降下。長さ4センチ以上ある足のカギ爪で獲物を押さえ、鋭いクチバシで肉を引き裂いて仕留めるハンターだった。一説には巨大鳥モア（P.116）すら、獲物にしていたという！

- ●分類……………タカ目タカ科ハルパゴルニス属
- ●生息年…………500年前
- ●生息地域………ニュージーランド
- ●体長……………体長90〜140cm、翼長260〜300cm
- ●食性……………肉食

ハルパゴルニスワシの勝ち！

コラム2

化石のでき方・見つけ方

現代には生き残っていない太古の動物たちの姿を、いったいどのように推測するのか？　その手がかりとなるのが化石だ。化石はどのようにして作られ、どんな場所や状況で見つかるのか。そのプロセスを学んでいこう。

どうやって化石はできるのか？

動物が死ぬと、死骸は他の動物や微生物に食べられて分解される。だが、湖底や海底などのように、地面が柔らかく上に砂や土が積もりやすい場所では、死骸が分解される前に土に埋まることがある。こうした死骸は、土の中で形を残したまま別の物質に変わっていき、化石となる。

① 水辺で死んだ動物が、水底に段々と移動し土に埋もれていく

② 新しい時代の土などが積もっていく
（この過程で化石になる）

条件

死骸が肉食獣に食べられない
肉食獣に食べられた死骸は、一部がもち去られたり骨まで食べられてしまうことが多い。できるだけ損傷の少ない死骸のほうが化石に残りやすい。

土の圧力を受けない
地震や火山活動などの影響で土に強すぎる圧力がかかると、死骸が潰されてしまったり、せっかく化石になっても砕けてしまうことがある。

バラバラになりすぎない
他の動物による食害や、自然災害などの影響で死骸がバラバラになってしまうと、元の姿がさっぱりわからない断片的な化石になってしまう。

どうやって発見されるのか？

土の中で作られた化石は、そのままなら地中に埋まったままで人の目にふれることはない。長い年月のなかで地殻変動が発生し、化石が埋まった部分が地表近くに盛り上がったとき、初めて発見のチャンスが生まれる。化石になるにも発見されるにも、数多くの幸運が必要なのだ。

1 地殻変動で土が盛り上がる

2 雨や採掘で土が削れ化石が出てくる

バラバラではないときもある

3 発見後、組み立てられ（修復され）、展示される

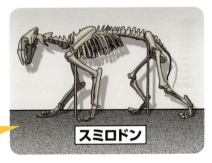

スミロドン

間違えて組み立てられ、長い間姿が誤解されてしまう場合もある！

その他の化石（アンモナイト、足跡など）

化石として残るのは、動物の死骸だけではない。植物も同じように化石として残り、当時の姿を現在に伝えているのだ。また、動物の足跡やフン、巣穴を作った跡などの上に土が積もり、化石となって残る場合もある。こういった化石は「生痕化石」と呼ばれている。生痕化石は、当時の動物たちの運動能力や生活ぶりを知るときに、重要な手がかりとなる貴重な資料だ。たとえば、足跡の化石からはその動物の歩き方や歩幅などを知ることができる。このデータをもとに歩く速度を推定することも可能なのだ。

コラム2

特殊な化石のでき方

　一般的な化石は、前ページのように死骸の上に土が積もって、長い年月をかけて化石へと変化していくことでできあがる。だが、特殊な環境のもとでは、一般的な方法とは違った形で死骸が化石化することもある。代表的なのは、タールピットで誕生する場合と、塩湖で誕生する場合。どちらも普通の化石より保存状態がよいものが多いのが特徴だ。

①タールピットとは
アスファルトの池。アメリカにある「ラ・ブレア・タールピット」が有名。ここで死んだ動物は、アスファルトに包まれて損傷の少ない化石になる。

②塩湖とは
タンザニアのナトロン湖は、強アルカリ性の塩水の湖。この水に動物の死骸が浸かると、化学反応が起きて化石のように硬くなるのだ。

タールピットに落ちたスミロドン

　「ラ・ブレア・タールピット」は、アスファルトの上に水がたまった池で、飲み水を求めてやってきた動物が、水の下のアスファルトに足を取られて溺れ死ぬことの多い危険な場所だった。ここからはスミロドンやオオカミなどの肉食獣の化石が数多く見つかっている。スミロドンやオオカミたちは溺れた動物を狩ろうとして、自分もアスファルトに足を取られて死んでしまったのだと考えられている。現在、ラ・ブレア・タールピットからは650種類以上、350万点もの動植物の化石が見つかっており、そのうち約70%は肉食獣のものだという。

第2章
第2回戦

2回戦-1

カリフォルニアライオン
史上最大の怪物ライオン

レーダーチャート項目: パワー、凶暴性、瞬発力、速さ、防御力、攻撃力、頭脳、持久力

- 分類 ……… 食肉目ネコ科ヒョウ属
- 生息年 …… 258万～1万年前
- 生息地域 … 北アメリカ
- 体長 ……… 170～250cm
- 食性 ……… 肉食

大きさの比較

古代アメリカ最強の肉食獣

かつてライオンは、世界の広い範囲に生息していた。そのなかで最大の体格を誇ったのが、カリフォルニアライオンだ。姿は現代のライオンによく似ており、大型の草食獣を獲物にしていたと考えられている。たくましい前足と鋭い爪、骨まで咬み砕く強靭なアゴ。時代が違っても、ライオンの武器はシンプルかつ強力。百獣の王は、古代のアメリカでもやはり王者であったのだ！

1 巨大な頭骨
ライオンの頭の骨は40センチ程度だが、カリフォルニアライオンの頭の骨は50センチ近くもあった。アゴも頑丈で、咬む力も強かっただろう。

2 スマートで長い足
現代のライオンに比べると、かなり長い足をしている。巨体だが速く走ることができ、獲物にたやすく追いつくことができただろう。

058

パラケラテリウム

史上最大の巨神

レーダーチャート項目:
- パワー
- 凶暴性
- 瞬発力
- 速さ
- 防御力
- 攻撃力
- 頭脳
- 持久力

- 分類 …………… 奇蹄目ヒラコドン科パラケラテリウム属
- 生息年 ………… 3600万～2400万年前
- 生息地域 ……… ユーラシア大陸
- 体長 …………… 体長800cm、体高550cm
- 食性 …………… 植物食

前回の戦い vs メガラニア　P.020

メガラニアはパラケラテリウムの前足に尻尾を叩きつけ、続いて咬みついた。パラケラテリウムは足下で動き回る相手にとまどっていたが、自分の足に咬みついて動きが止まったところを踏みつける。史上最大級の巨体の重圧をまともに受けたメガラニアは、一撃で動けなくなった。

059

2回戦-1

対戦ステージ　草原

パラケラテリウムへの次なる挑戦者は、カリフォルニアライオン。史上最大級のネコ科肉食獣の牙は、大巨獣に届くのか？

バトルシーン 1
カリフォルニアライオンの奇襲が成功

先に相手に気づいたカリフォルニアライオンは、姿勢を低くして茂みに身を隠し、のんびり木の葉を食べるパラケラテリウムに接近。背後からいきなり飛びかかり、相手の後足に牙を突き立てた！

LOCK ON!!

強力な咬みつき
カリフォルニアライオンはアゴも牙もネコ科最大級。たいていの獲物なら一撃で首をへし折る破壊力だ！

バトルシーン 2
カリフォルニアライオンが急所を狙う

奇襲に成功したカリフォルニアライオンは、相手の体によじ登る。背骨か首の骨を傷つけられれば、パラケラテリウムといえど無事ではすまない。奇襲にも動じなかったパラケラテリウムも、大慌てで暴れだした。

LOCK ON!!

背後からの攻撃
自分より大きな獲物を狩るときには、背中からおおい被さって腰や背骨、首などの急所を狙う!

バトルシーン 3
パラケラテリウムがピンチを脱出

パラケラテリウムは激しく体をゆすり、相手を振り落とした。叩き落とされたカリフォルニアライオンにダメージはなかったが、完全に警戒されてしまい攻め手が見つからない。その後、逃げるようにその場を立ち去っていった。

パラケラテリウムの勝ち!

2回戦-2

ゴルゴプスカバ

威風堂々たる川の支配者

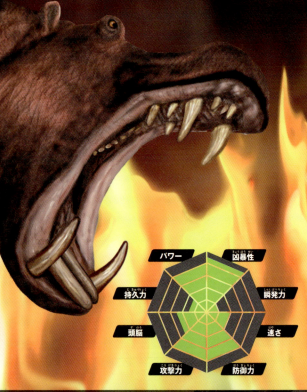

レーダーチャート: パワー / 凶暴性 / 瞬発力 / 速さ / 防御力 / 攻撃力 / 頭脳 / 持久力

大きさの比較

- 分類 ……………… 鯨偶蹄目カバ科カバ属
- 生息年 …………… 258万～1万年前
- 生息地域 ………… アフリカ
- 体長 ……………… 400～500cm
- 食性 ……………… 植物食

前回の戦い　vs アンブロケトゥス　P.024

水中戦では、泳ぎが得意なアンブロケトゥスが優勢。相手をつかまえられないゴルゴプスカバは陸上へ移動した。アンブロケトゥスは相手を再び水中へ引き込もうとするが、ゴルゴプスカバは相手を引きずったまま上陸。アンブロケトゥスをくわえると、地面に叩きつけてノックアウトした。

062

プロコプトドン

古代世界のヘビー級キックボクサー

- 分類 ………… 双前歯目カンガルー科
- 生息年 ……… 78万～1万年前
- 生息地域 …… オーストラリア
- 体長 ………… 300cm
- 食性 ………… 植物食

両足キックが得意な格闘家

史上最大級のカンガルー。現代のカンガルーと同じように筋肉質の体で、長い足をバネのように使ってジャンプしていたと考えられている。カンガルーといえば、動物界でも名の知れたキックの名手。現代のアカカンガルーのキックでも、人間の大人を軽々と吹っ飛ばす威力があるのだから、重量級のプロコプトドンのキックはさらに強烈なはず。ウシやウマも蹴り倒してしまうだろう！

1 長い手を生かした鋭いパンチ

カンガルーはパンチも得意技。プロコプトドンの前足は体に対してかなり長く、リーチは抜群。離れて戦うアウトボクシングもお手のものだ。

2 蹄のように頑丈な爪

後足の爪はウマの蹄のように硬く大きい。強い力がかかっても平気なように進化した形で、キック力の強さの証拠となっている。

063

2回戦-2

対戦ステージ　草原

体格で、圧倒的にゴルゴプスカバが有利。プロコプトドンは持ち前のスピードとジャンプ力で相手をまどわし、ヒットアンドアウェイで勝機を探す!

バトルシーン 1
華麗なキックボクシングで立ち回るが……

プロコプトドンは激しく跳ね回り、爪やキックで攻撃を続ける。しかし、ゴルゴプスカバの巨体には、あまり効いていない様子。ゴルゴプスカバ自身も、この小さな対戦相手を大した敵と見ていないようだ。

LOCK ON !!

引っかき攻撃
プロコプトドンのカギ爪では、ゴルゴプスカバの厚い皮膚の表面を傷つけるのがやっとのようだ。

大きな相手を果敢に攻めるプロコプトドン

バトルシーン 2
挑発的な攻撃を繰り返すプロコプトドン

攻撃を続けるうちに興奮状態になったプロコプトドンは、相手の顔に攻撃を始めた。頑丈な体のゴルゴプスカバでも、目や耳、鼻の穴などは弱い。あまりやる気のなかったゴルゴプスカバも、イライラし始めた。

咬みつき
カンガルー同士の戦いでも咬みつきはよく使われる。草をちぎり取るために発達した前歯は、かなり鋭い。

バトルシーン 3
うるさい相手をパクリとひと呑み

格下と見下していた相手のしつこさに、ついにゴルゴプスカバが激怒！ 大きく口を開けると、プロコプトドンを頭から丸かじりにしてしまった。このまま呑み込まれてしまうことはないが、勝敗はもう明らかだ。

ゴルゴプスカバの勝ち！

2回戦-3
メガテリウム
巨木の森の大ナマケモノ

レーダーチャート: パワー / 凶暴性 / 瞬発力 / 速さ / 防御力 / 攻撃力 / 頭脳 / 持久力

- 分類 …………… 有毛目メガテリウム科メガテリウム属
- 生息年 ………… 164万～1万年前
- 生息地域 ……… 南アメリカ
- 体長 …………… 600cm
- 食性 …………… 植物食

大きさの比較

パワーにかけては並ぶものなし！

地上で生活していたナマケモノの仲間で、立ち上がるとその高さは5メートル以上、体重は3トンに達した。前足のカギ爪で木の枝を引き寄せて葉を食べる草食獣だったというが、なにしろこの巨体である。ちょっと押したり叩いたりしただけでも、まわりのものは吹き飛び、めちゃめちゃに壊されてしまう！　成長したメガテリウムは、堂々たる森の大王として君臨していたのだ。

① 巨大なカギ爪
前足のカギ爪は身を守る武器にもなっただろう。巨木の枝をねじ曲げるパワーでカギ爪を突き立てられたら、相手の体はズタズタにされてしまう。

② 大きく頑丈なアゴ
固い葉や根茎もすり潰せるように、アゴはがっしりとしており咬む力も強かったようだ。人間が腕や足を咬まれたら、骨まで砕かれてしまう！

5 スミロドン
巨獣専門のビッグ・ハンター

- パワー
- 凶暴性
- 持久力
- 瞬発力
- 頭脳
- 速さ
- 攻撃力
- 防御力

- 分類 ………… 食肉目ネコ科スミロドン属
- 生息年 ……… 300万～10万年前
- 生息地域 …… 北アメリカ、南アメリカ
- 体長 ………… 190～210cm
- 食性 ………… 肉食

前回の戦い vs ダエオドン

P.028

凶暴ダエオドンは相手を見つけるやいなや、激しく突進して攻め立てる。防戦一方となったスミロドンは、岩にのぼって戦いを仕切り直した。そして、しゃにむに猛進してくる相手の背に飛び乗り、首に牙を突き立てる！　必殺の一撃が決まり、ダエオドンの巨体が倒れた。

067

2回戦-3

対戦ステージ　森林

メガテリウムの巨大なカギ爪と、スミロドンの長大な牙。どちらも一撃必殺の威力をもつ、危険な武器だ。緊迫の真剣勝負を制するのはどちらだ？

バトルシーン 1

巨大なカギ爪で圧力をかけるメガテリウム

接近して咬みつきたいスミロドンに対し、メガテリウムは腕を振り回して牽制。メガテリウムの爪は巨大で、パワーも驚異的だ。スミロドンも相手の実力を感じ取り、なかなか攻め込めない。

にらみあいながら攻撃チャンスをうかがう両者

LOCK ON !!

長い腕とカギ爪
枝を引き寄せるために発達したカギ爪は、がっちりとしたつくりで、敵の体もたやすく引き裂く！！

バトルシーン 2
スミロドンの牙が敵を貫く!

メガテリウムの攻撃は強烈だが、速度はあまりなく単調だった。何度も繰り返すうちに攻撃になれてしまったスミロドンは、隙をついてメガテリウムに襲いかかる。長大な牙がメガテリウムの首を突き刺す!

LOCK ON !!

急所に届く一撃
長さ20センチ以上もあるスミロドンの牙は、大型動物の皮膚や肉を簡単に貫き、血管や骨まで達してしまう。

LOCK ON !!

バトルシーン 3
出血がじわじわと体力を奪う

スミロドンの一撃で、血管を傷つけられたのか、メガテリウムの首から出血が止まらない。スミロドンはメガテリウムから離れ、相手が弱るのを待つ。やがて体力を失ったメガテリウムは、立てなくなった。

スミロドンの勝ち!

2回戦-4

アルクトテリウム
史上最大級の巨大グマ

レーダーチャート項目:
- パワー
- 凶暴性
- 瞬発力
- 速さ
- 防御力
- 攻撃力
- 頭脳
- 持久力

- ● 分類 ………… 食肉目クマ科アルクトテリウム属
- ● 生息年 ……… 200万年〜50万年前
- ● 生息地域 …… 南アメリカ
- ● 体長 ………… 350cm
- ● 食性 ………… 肉食

大きさの比較

前回の戦い vs エンボロテリウム　P.032

パワーあふれる巨獣同士の対決は、アルクトテリウムの咬みつき、エンボロテリウムの突進と、互いにもち味を発揮。一進一退の攻防が続くなかで、勝負を決めたのはアルクトテリウムの剛腕。渾身の一振りでエンボロテリウムの首をねじ曲げ、相手に瀕死の重傷を負わせた。

プルスサウルス

アマゾンの大怪獣

- 分類　　　ワニ目アリゲーター科
- 生息年　　1000万年前
- 生息地域　南アメリカ
- 体長　　　1100〜1300cm
- 食性　　　肉食

恐竜サイズの超巨大ワニ

現代のワニの一種、カイマンに近い。まだ全身の骨格が見つかっていないが、推定される大きさはワニの仲間としては史上最大級。水辺に潜み、近づく獲物に襲いかかる獰猛な捕食者だったようだ。ワニの咬む力は動物界でも最強クラスであり、プルスサウルスもとてつもないアゴの力を誇っていたのは疑いようがない。咬みつかれてしまったら、獲物に待っているのは確実な死の運命だけだ!

1 人間もひと呑みの大口

頭の骨の大きさは150センチもあり、他のワニに比べると口の幅が広い。大きな口でしっかりと獲物をとらえて、水中に引きずり込む。

2 肉に突き刺さる巨大な歯

口の中には大小さまざまなサイズの歯がずらりと並ぶ。最も大きな歯は長さ10センチ。並の大きさの獲物なら、ひと咬みで致命傷を与えるだろう。

071

2回戦-4

対戦ステージ　**水辺**

プルスサウルスと比べると、さすがのアルクトテリウムも小グマのよう。あまりにも巨大な相手に、得意の張り手は通じるのか?

バトルシーン 1
アルクトテリウムが馬乗りパンチで先制攻撃

プルスサウルスは威圧感たっぷりの巨体を揺らし、アルクトテリウムに迫る。だが、地上ではその重さがハンデとなり、動きは劣る。アルクトテリウムは素早く相手によじ登り、無防備な背中を痛撃!

アルクトテリウムが背中の上でやりたい放題!

LOCK ON !!

素早い動き
クマが走る速度は人間より速く、木登りも得意。地上での運動能力は、ワニよりもはるかに高い。

バトルシーン 2
プルスサウルスのローリング！

プルスサウルスは背中の上の厄介者を振り落とそうとするが、なかなか落ちない。そこでプルスサウルスは大胆に体をひねり、ごろりと横転した。背中にしがみついていたアルクトテリウムは、巨体の下敷きに。

LOCK ON!!

ワニの横転
ワニの仲間の胴体は細長く、地上ではごろごろ転がる様子もよく見られる。背中の上も安全地帯ではない。

バトルシーン 3
プルスサウルスが力でねじ伏せる

アルクトテリウムはプルスサウルスの下から這い出すが、体のどこかを痛めたのか、ほとんど身動きがとれない。プルスサウルスを追い払おうと腕を振るが、逆に咬みつかれて腕もズタズタになり、勝負あり。

プルスサウルスの勝ち！

073

コラム3

マンモスが現代に復活!?

約1万年前に地球上から姿を消してしまったマンモスたち。そのマンモスを、最新の科学で現代に蘇らせる方法が研究されているという。近いうちに動いているマンモスを見学したり、マンモス肉を食べられる時代がくるかもしれない?

氷漬けのマンモス発見!!

通常、太古の動物たちの体が発見されるときには化石となっており、生きていたときの姿は骨の形から推測するしかない。だが、ロシアや北極などでは、まれに生きていたときの姿そのままで氷漬けになったマンモスが見つかることがある!

※イラストはイメージです。

永久凍土で発見

氷漬けのマンモスが発見されるのは、1年中氷が溶けることがない永久凍土と呼ばれる地域。こうした場所は天然の冷凍庫となっているので、肉や皮、体毛のほか、腐りやすい内臓も良い状態で保存できたのだ。

胃には食べ物が残っていた!

胃の中からは、イネやキンポウゲなど暖かい地方の植物が見つかった。このおかげで、マンモスたちはある程度、暖かい場所で生活していたことがわかった。

どうやって現代に復活させる？

絶滅した動物を復活させるには、その動物の情報が記録されているDNAが必要だ。氷漬けのマンモスのDNAは状態がいいので、復活計画が現実的なのだという。いくつかの方法が考えられているが、ここでは代表的なものをふたつ紹介しよう。

方法1
交配を繰り返す

マンモスはアジアゾウに近い仲間。両者の間には子どもができる可能性が高いことを利用して、マンモスの精子とアジアゾウの卵子を人工授精させ、マンモスとアジアゾウのハーフを生み出す。さらにこのハーフを母として同じ作業を繰り返せば、限りなくマンモスに近づいていく。

メスのゾウ / オスのマンモス
↓ ↓
卵子 / 精子
↓
ハーフ

ハーフ / マンモス
↓ ↓
卵子 / 精子
↓
マンモスに近い動物誕生

※これを何回か繰り返すと、ほぼマンモスに近い動物となる

方法2
クローン作る

アジアゾウの卵子に、氷漬けマンモスから取り出した細胞を注入し、アジアゾウの体に戻す。これはクローン技術と呼ばれる方法で、成功すれば完全なマンモスの子どもが誕生するという。すでにカエルやヒツジなど何種類かの動物で実験が成功しており、期待がもてる。

卵子 / 体細胞※
身体の一部から損傷していない体細胞を抽出

核を取る（除核）

※体細胞（DNA）。遺伝子の情報をもっており、簡単にいうと「体を作る設計図」

マンモスの細胞核を注入、培養

メスのゾウの体内に移植

赤ちゃんマンモス誕生

※近畿大学生物理工学部 入谷明教授グループ発表「ロシア共同マンモス復元プロジェクト」参照。

2回戦-5

アンドリューサルクス

史上最大級の顎の怪物

レーダーチャート: パワー／凶暴性／瞬発力／速さ／防御力／攻撃力／頭脳／持久力

- **分類**……………… メソニクス目トリイソドン科アンドリューサルクス属
- **生息年**…………… 4500万～3600万年前
- **生息地域**………… アジア（モンゴル）
- **体長**……………… 380cm
- **食性**……………… 肉食

大きさの比較

何でも咬み砕く粉砕マシーン

これまでに見つかっているのは、頭の骨の一部と骨の破片が少しだけだが、その大きさは長さ84センチ、幅は56センチという特大サイズ！　地上で生活する肉食の哺乳類では、史上最大級のアゴのもち主だ。咬む力はとても強く、貝やカメのような硬いものも、難なく咬み砕いて食べていたと考えられている。もちろん、動物の骨だって一撃で粉砕して食いちぎってしまうだろう。

1 物を砕くのに最適な歯

ワニのような長いアゴには、太い牙や頑丈な奥歯が並ぶ。硬いものを咬み砕くのに適した歯が揃っており、咬む力の強さを物語っている。

2 並外れた巨体とパワー

頭の大きさから推定された体格は、サイやカバに匹敵する巨体。力比べにおいても、他のどの動物たちを圧倒する存在だった。

ドエディクルス

重武装の鎧騎士

- **分類** ……… 被甲目グリプトドン科ドエディクルス属
- **生息年** ……… 258万～1万年前
- **生息地域** ……… 南アメリカ
- **体長** ……… 360～400cm
- **食性** ……… 植物食

前回の戦い vs ギガントピテクス

P.038

ギガントピテクスはドエディクルスに近づき体を叩き始めたが、効果はいまひとつ。そこで、ギガントピテクスは大胆にも相手をひっくり返そうとする。だが、ドエディクルスは尻尾を振り回し、先端のコブでギガントピテクスを殴りつけ、一発でノックアウトしてしまった。

077

2回戦-5

対戦ステージ　**草原**

あらゆるものを咬み砕く、強力なアゴをもつアンドリューサルクス。ドエディクルスの堅固な鎧はこの破壊力に対抗できるのか？

バトルシーン 1
ドエディクルスの鎧が攻撃を弾き返す

アンドリューサルクスはまったく警戒心を見せず、ドエディクルスに近づくと無造作に咬みかかった。しかし、攻撃はドエディクルスの硬い鎧に阻まれ、逆に尻尾で顔面をはたかれてよろけてしまう。

LOCK ON!!

尻尾を使った攻撃
ドエディクルスの尻尾は強力な武器だが、大柄でタフなアンドリューサルクスはなんとか耐えたようだ。

尻尾のハンマーでキツイ一撃！

078

2回戦-6

フォルスラコス
走り寄る死のクチバシ

- 分類……………ノガンモドキ目フォルスラコス科フォルスラコス属
- 生息年…………4500万～500万年前
- 生息地域………南アメリカ
- 体長……………150～300cm
- 食性……………肉食

大きさの比較

前回の戦い vs カリコテリウム　P.042

立ち上がって威嚇を続けるカリコテリウムを見つめていたフォルスラコスは、いきなり突進してクチバシを叩きつけた。突然の襲撃に驚いたカリコテリウムは、そのまま転倒。フォルスラコスはこのチャンスを逃さず、相手を押さえ込むとクチバシで連続攻撃を浴びせ、瞬殺した。

デイノテリウム

不思議な牙をもつ巨大ゾウ

レーダーチャート: パワー / 凶暴性 / 瞬発力 / 速さ / 防御力 / 攻撃力 / 頭脳 / 持久力

- 分類　　　ゾウ目デイノテリウム科デイノテリウム属
- 生息年　　2400万～100万年前
- 生息地域　アフリカ、ユーラシア大陸
- 体長　　　500cm
- 食性　　　植物食

ユニークな牙がトレードマーク

肩までの高さが4メートル以上になった、史上最大級のゾウの仲間。特徴的なのは、下アゴから地面に向けて生えた牙だ。なぜこのような牙になったかはわからないが、背の高いデイノテリウムが他の動物と向き合うと、牙の先が相手の頭上にくる。たいていの相手は、長い鼻と巨体のパワーで圧倒できただろう。強敵に対しては、牙で頭を突き刺して攻撃したかもしれない。

1 短いが強靭な牙

牙は木の皮を剥がして食べるときに使われていたといわれる。現代のゾウの牙より頑丈で、発見当時はカバの牙と間違えられたことも。

2 パラケラテリウムに迫る巨体

ゾウの仲間では最も体高が高く、史上最大の陸上動物といわれるパラケラテリウムと並んでも見劣りしない。パワーは動物界でもトップクラスだ。

2回戦-6

対戦ステージ　**草原**

体格とパワーではデイノテリウムが圧勝。だが、最初の戦いで見せたようなラッシュ攻撃が決まれば、フォルスラコスがひと泡吹かせるチャンスはある。

バトルシーン 1

フォルスラコスが電光石火の先制攻撃

小山のような体のデイノテリウムを前にしても、闘争心旺盛なフォルスラコスはひるまない。全速力で駆け寄ると、クチバシでデイノテリウムの横腹をつつきまわす。デイノテリウムの腹が、みるみる血に染まる！

積極果敢に攻めたてるフォルスラコス

LOCK ON!!

皮膚を引き裂くクチバシ

先が鋭く尖ったクチバシを力いっぱい叩きつければ、デイノテリウムの厚い皮膚ですら切り裂いてしまう。

LOCK ON!!

082

バトルシーン 2
スピードを生かした連続攻撃

デイノテリウムはフォルスラコスを追い払おうと、鼻を振り回して応戦する。だが、身軽なフォルスラコスは飛び退いて身をかわしつつ、攻撃を続行。クチバシだけでなくキックも繰り出して、激しく攻めまくる。

キック攻撃
鋭いカギ爪のある足は、鳥とは思えないほどがっしりとして力強い。体重をのせたキックは強烈だ。

バトルシーン 3
デイノテリウムが一撃で勝負をひっくり返す

デイノテリウムは相手を鼻であしらうことをあきらめ、体の向きを変えるとフォルスラコスに突進した。興奮状態のフォルスラコスはキックで迎え撃つが、パワーの差で弾き飛ばされ、踏みにじられてしまった。

デイノテリウムの勝ち！

083

2回戦-7

ティタノボア

すべてを呑み込む大蛇

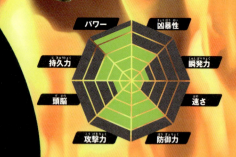

パワー / 凶暴性 / 瞬発力 / 速さ / 防御力 / 攻撃力 / 頭脳 / 持久力

- 分類 …………… 有鱗目ボア科ティタノボア属
- 生息年 ………… 6000万～5800万年前
- 生息地域 ……… 南アメリカ
- 体長 …………… 1200～1500cm
- 食性 …………… 肉食

大きさの比較

ワニをも絞め殺す剛力

胴体の最も太い部分の直径は約1メートル、体重は1トン以上になったという、史上最大級のヘビ。現代の南アメリカに生息する大蛇・アナコンダと同じように水中での生活を好み、水辺に近づく動物や魚、ワニなどを丸呑みにしていたと考えられている。鎧のような鱗をまとった頑丈な体のワニも、ティタノボアの怪力で締め上げられたらひとたまりもなかったのだ！

1 全身が筋肉のかたまり
太い体はしなやかで力強い筋肉の束。獲物の体に隙間なく巻きついて動きを封じ、強い力で締めつけて窒息させて呑み込んでいた。

2 大きな獲物もひと呑み
胴体の直径が50センチのアナコンダでも、ブタを丸呑みできる。2倍の太さのティタノボアなら、ウシやウマどころかカバすら呑み込めるかもしれない。

084

エラスモテリウム

伝説の一角獣

- 分類 ……… 奇蹄目サイ科エラスモテリウム属
- 生息年 ……… 258万〜1万年前
- 生息地域 ……… ユーラシア大陸
- 体長 ……… 500cm
- 食性 ……… 植物食

前回の戦い vs オオツノジカ　P.046

立派な角をもつもの同士の戦いは、正々堂々お互いの角を打ち合わせる勝負となった。戦いが始まってからしばらくの間は互角の打ち合いが続いたが、やがて体格で勝るエラスモテリウムがオオツノジカを圧倒する。突き倒されたオオツノジカは敗北を認め、立ち去っていった。

085

巻きつき
相手に体を巻きつけ、締め上げるのがティタノボアの狙い。頭をオトリに尻尾をのばして巻きついていく。

ついに巻きつくチャンスを得たティタノボア！

バトルシーン 2
巨大蛇の魔手がエラスモテリウムに迫る！

ティタノボアは威嚇をやめ、地面を這って接近。これを見たエラスモテリウムは、ティタノボアの頭を踏みつけて動きを止める。しかし、ティタノボアは尻尾を動かし、ひそかに相手に巻きつこうとしていた。

LOCK ON!!

バトルシーン 3
完全に巻きつけばもう逃げられない！

エラスモテリウムが異変に気づいたときには、もう手遅れだった。ティタノボアは頭を踏まれながらも、相手の胴体を万力のように締めつける。やがてエラスモテリウムは力尽き、立っていられなくなった。

ティタノボアの勝ち！

2回戦-8

マンモスの帝王
インペリアルマンモス

- **分類**……………ゾウ目ゾウ科マンモス属
- **生息年**…………150万～1万1000年前
- **生息地域**………北アメリカ
- **体長**……………800cm
- **食性**……………植物食

大きさの比較

前回の戦い　vs アルゲンタヴィス　P.050

インペリアルマンモスがいかに巨大であろうと、空を飛ぶ相手に手出しはできない。アルゲンタヴィスは急降下からの奇襲で、インペリアルマンモスを苦しめる。だが、単調な攻撃を続けたため、インペリアルマンモスにタイミングを覚えられ、鼻で叩き落とされてしまった。

ディプロトドン

剛力無双の有袋類

ステータス
- パワー
- 凶暴性
- 瞬発力
- 速さ
- 防御力
- 攻撃力
- 頭脳
- 持久力

基本データ
- **分類**……… 双前歯目ディプロトドン科ディプロトドン属
- **生息年**……… 100万〜6000年前
- **生息地域**……… オーストラリア
- **体長**……… 300〜330cm
- **食性**……… 植物食

オーストラリア最大の哺乳類

有袋類（お腹の袋で子育てをする哺乳類）では史上最大級の体格。コアラやウォンバットに近い仲間で、切歯（前歯）がよく発達しており、足には鋭いカギ爪が生えていた。植物食のおとなしい動物だったというが、肉食獣に襲われたときにはこの切歯やカギ爪を使って応戦し、追い払ったのだろう。体が大きく力が強いので、単純な攻撃方法でも必殺の威力を発揮したはずだ。

1 鋭く発達した前歯
切歯が牙のように鋭くとがり、前方に突き出ていた。草を食いちぎるために発達したものだが、咬みつけば相手に深い傷を負わせるだろう。

2 「走りが苦手」は強さの証明？
足の裏を地面につける歩き方で、早く走るのは苦手だった。裏を返せば、敵に襲われても走って逃げる必要がないほど、強い動物だった？

089

2回戦-8

対戦ステージ　**草原**

破格の巨体と長大な牙をもつインペリアルマンモス。体格には差があるディプロトドンだが、カギ爪と切歯を武器に大物食いを狙う！

バトルシーン 1
インペリアルマンモスの牙がディプロトドンに迫る

インペリアルマンモスにとって、ディプロトドンはさほど脅威を感じないちっぽけな相手に過ぎない。軽くあしらうように、牙で追い立てる。ディプロトドンは必死で牙から身をかわし、反撃のチャンスを探す。

最長クラスの牙
インペリアルマンモスの牙は、ディプロトドンの体より長い。突き刺されたら、ひとたまりもない。

ディプロトドンが怒りの逆襲!

バトルシーン 2
インペリアルマンモスの鼻に手痛いしっぺ返し

牙でつつかれて怒ったディプロトドンは、牙をかいくぐってインペリアルマンモスに接近。無防備にぶら下がっていた鼻の先に咬みついた。思わぬ反撃に、インペリアルマンモスは驚き、痛がっている!

鋭い切歯
切歯はノミのように尖っている。インペリアルマンモスの柔らかい鼻の先など、簡単に咬み裂ける。

LOCK ON !!

バトルシーン 3
本気になれば力の差は歴然

一矢報いたディプロトドンだが、反撃を受けたインペリアルマンモスは怒り心頭。牙の先でディプロトドンをすくい上げると、あおむけに転がしてしまう。倒れたディプロトドンは慌てて起き上がり、一目散に逃げ出した。

インペリアルマンモスの勝ち!

091

エキシビション -2

バシロサウルス vs メガロドン

泳ぎのうまさでは、メガロドンがやや上手。バシロサウルスの体のあちこちに咬みつき、傷を負わせていく。だが、バシロサウルスもただ咬まれているだけではなく、近づいてくる相手に体をぶつけて反撃。サメ類は内臓を守る骨格が弱いため、バシロサウルスの反撃は地味だが効果的だった。やがて動きが鈍ってきたメガロドンに対して、バシロサウルスがとどめの頭突きを繰り出した！

海の支配者が時代を超えて壮絶な一騎討ち！

太古の海の大怪獣
バシロサウルス

- **分類** …………… 鯨偶蹄目バシロサウルス科バシロサウルス属
- **生息年** ………… 4000万〜3400万年前
- **生息地域** ……… ユーラシア大陸、北アメリカ、アフリカ
- **体長** …………… 2000〜2500cm
- **食性** …………… 肉食

大食らいの古代クジラ

原始的なクジラの仲間。長いアゴには44本の鋭い歯が並ぶ。化石の調査によって、サメなどの魚を襲って食べていたことがわかっており、バシロサウルスの歯形が残るクジラの化石も発見されている。どうやら、あらゆる動物に襲いかかる、大食いモンスターだったようだ。

パワー / 凶暴性 / 持久力 / 瞬発力 / 頭脳 / 速さ / 攻撃力 / 防御力

古代のクジラハンター

メガロドン

ノコギリの歯をもつ怪物ザメ

現代最大の肉食性のサメ・ホホジロザメに近い仲間だが、体長は約2倍。その巨体を満たすために、狙った獲物は主にクジラ類。巨大な口の中にびっしりと並ぶ三角形の歯は、フチがノコギリのようにギザギザで切れ味抜群。ひと咬みで肉を食いちぎり、致命傷を与える！

バシロサウルスの勝ち！

- ●**分類** ……………… ネズミザメ目
- ●**生息年** …………… 1800万〜150万年前
- ●**生息地域** ………… 世界中の暖かい海
- ●**体長** ……………… 1300〜2000cm
- ●**食性** ……………… 肉食

パワー　凶暴性　持久力　瞬発力　頭脳　速さ　攻撃力　防御力

コラム4

おもしろい進化をした絶滅動物

動物たちは住む環境や生活にあわせて、体の形を変化させたり新しい能力を身につけて進化してきた。そのなかには、とても個性的な進化をとげた動物たちも少なくない。ここではそうしたユニークな動物たちを紹介していこう。

1 すごすぎる武器をもつ動物

獲物を狩ったり、仲間との争いや敵との戦いに勝つために、牙や爪、角などの武器を手に入れた動物たちは多い。絶滅動物たちのなかには、今では考えられないような強力な武器をもつ者もいた。特に目立つ武器のもち主が、この動物たちだ。

アルシノイテリウム

- 約3500万〜2300万年前
- 重脚目アルシノイテリウム科
- 体長約3〜4m

2本の巨大な角と、その後ろに2本の小さな角をもつ。角は骨でできたもの。サイによく似ているが、ゾウやジュゴンに近い仲間。

他には…
ケサイ、バルボロフェリス、ペロロビス、メトリディオコエルス など

4本の角

牙をしまえる

ティラコスミルス

- 約700万〜300万年前
- 有袋上目ティラコスミルス科
- 全長約1.2〜1.7m

カンガルーのように、お腹に子育てのための袋をもつ有袋類。上アゴの牙は長く伸び、下アゴが刀の鞘の役割をしていた。

2 生活に役立つ進化をした動物

動物たちは草原や水中、空など、さまざまな場所で生活している。それぞれの生息地で必要とされる能力は場所によって異なる。より効率よく食糧を得たり、安全に生活するために進化した結果、おもしろい外見になってしまった動物たちを紹介する。

プラジオメネ

- 約5920〜4780万年前
- ヒヨケザル目プラジオメネ科
- 約25cm

尻尾まで皮膜

現生のヒヨケザルに近い仲間。手足と尻尾の間にある膜を使って、空を滑空できた。

下アゴで土を掘る

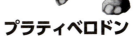

ゾウの仲間。シャベルのような下アゴで沼地の土を掘り、植物の根茎を食べたという。

プラティベロドン

- 約2300〜500万年前
- ゾウ目ゴンフォテリウム科
- 体長約4m、肩高2〜2.5m

3 奇妙な生態をもつ動物

外敵の存在や気候の変化など、自然界は動物たちにとって厳しい世界だ。なんとかして生き抜いていくために、他の動物がやらないような変わった生態になってしまった動物たちもいる。ここで紹介するのは、そんなとびきりの変わり者たちだ。

イブクロコモリガエル
（カモノハシガエル）

- 西暦1973年発見〜西暦1983年頃絶滅
- 無尾目カメガエル科
- 体長約3.3〜5.4cm

メスが卵を飲みこみ、胃の中で子育てをする。子どもたちは小さなカエルに育つと、口から出てくるのだ。

胃の中で子育て

ゴクラクインコ

- ?〜西暦1927年頃絶滅
- オウム目オウム科
- 全長約30cm

蟻塚に巣を作る鳥。外敵に襲われにくい利点があったが、人間たちに住処を壊されて絶滅した。

蟻塚に産卵

095

コラム4

4 ユニークで謎の進化をした動物

狩りや戦い、子育てなど、動物たちは何か必要があって、その形に進化したはず。だが、なかには何が目的でそうなったのか、さっぱり見当がつかない進化をとげた者もいる。変わった姿にどんな意味があるのか、考えてみよう。

オドベノケトプス
- 約530万年～259万年前
- 鯨偶蹄目シロイルカ科
- 全長約2～3m、右牙135cm

右だけ長い牙
クジラの仲間。オスの右の切歯だけが体に平行に長く伸びている。左の切歯は小さい。

ステゴテトラベロドン
- 約700万年前
- ゾウ目ゾウ科
- 全長約4.5m

4本の牙
上アゴと下アゴに2本ずつ牙がある。牙が地面につかぬよう頭を上げて歩いていた。

少し長い鼻
ゾウほどではないが、長い鼻をもっていた。鼻の使い道にはさまざまな説がある。

マクラウケニア
- 約700万年～2万年前
- 滑距目マクラウケニア科
- 全長約3m

違う動物でも似ているのはなぜ？

スミロドンはネコ科、ティラコスミルスはカンガルーと同じ有袋類。両者はまったく違うグループの動物だが、大きな牙をもつ姿はよく似ている。両者ともに大型の獲物を狩るという共通の目的で、この姿に進化した。このように、違うグループの動物でも、同じ目的のために似た姿に進化することがある。これを「収斂進化」という。

準々決勝-1

パラケラテリウム
史上最大の巨神

- 分類 …………… 奇蹄目ヒラコドン科パラケラテリウム属
- 生息年 ………… 3600万〜2400万年前
- 生息地域 ……… ユーラシア大陸
- 体長 …………… 体長800cm、体高550cm
- 食性 …………… 植物食

大きさの比較

前回の戦い vs カリフォルニアライオン

P.060

先に相手を見つけたカリフォルニアライオンが草むらに姿を隠し、背後から奇襲。そのまま背中によじ登った。慌てたパラケラテリウムは、その場で暴れてなんとか相手を振り落とす。奇襲をしのがれたカリフォルニアライオンは、攻め手を失って逃げ去っていった。

098

ゴルゴプスカバ

威風堂々たる川の支配者

パワー / 凶暴性 / 瞬発力 / 速さ / 防御力 / 攻撃力 / 頭脳 / 持久力

- 分類 ……… 鯨偶蹄目カバ科カバ属
- 生息年 …… 258万〜1万年前
- 生息地域 … アフリカ
- 体長 ……… 400〜500cm
- 食性 ……… 植物食

前回の戦い vs プロコプトドン

P.064

スピードで上回るプロコプトドンは跳ね回り、ゴルゴプスカバにパンチやキックを連発。胴体だけでなく顔にも攻撃を浴びせる。だが、攻撃によるダメージはほとんどなく、相手をイライラさせただけ。やがてゴルゴプスカバは怒り、相手を頭から丸呑みにして押さえつけた。

099

準々決勝-1

対戦ステージ　水辺／水中

地上戦では体格とパワーで上回るパラケラテリウムが有利と思われる。だが、水中戦にもち込めば、勝利はどちらに転ぶかわからない!?

バトルシーン 1
両者の威嚇合戦が続く

ゴルゴプスカバは大きく口を開けて相手を威嚇。対するパラケラテリウムは、相手を踏みつけようと前足を上げ、何度も足踏みして威圧する。先にプレッシャーに負けるのはどちらだろうか？

正面からにらみ合いを続ける両雄！

LOCK ON !!

踏みつけ
15トンにもなるという超ヘビー級の踏みつけは、一撃必殺の威力。単なる足踏みでも、威圧効果は抜群だ。

LOCK ON !!

バトルシーン 2
得意の水中戦で反撃の糸口をつかむ

先に引いたのはゴルゴプスカバ。得意の水中戦で戦いを仕切り直そうと水中へ逃げ込んだ。パラケラテリウムが追いかけていくと、ゴルゴプスカバが反撃開始。水の抵抗で動きが鈍くなった相手の足に咬みついた!

咬みつき……………
地上では圧倒されたが、水中はゴルゴプスカバのホームグラウンド。生き生きと動き、牙を突き立てる。

バトルシーン 3
水中戦でゴルゴプスカバの身にまさかの出来事!

ゴルゴプスカバのひと咬みは相手の足に深い傷をつけたが、倒すまでにはいたらない。パラケラテリウムは無傷な足で相手を踏みつけ、水底に押しつける。ゴルゴプスカバは身動きできなくなり、溺れてしまった。

パラケラテリウムの勝ち!

101

準々決勝-2

スミロドン

巨獣専門のビッグ・ハンター

レーダーチャート:
- パワー
- 凶暴性
- 瞬発力
- 速さ
- 防御力
- 攻撃力
- 頭脳
- 持久力

- **分類**……………食肉目ネコ科スミロドン属
- **生息年**…………300万～10万年前
- **生息地域**………北アメリカ、南アメリカ
- **体長**……………190～210cm
- **食性**……………肉食

大きさの比較

前回の戦い　vs メガテリウム

P.068

スミロドンはメガテリウムのカギ爪を警戒してなかなか近づけずにいたが、だんだんと攻撃に慣れ、隙をついて襲撃。メガテリウムの首に牙を突き刺した。この一撃で、太い血管を傷つけられたメガテリウムは大量出血。みるみるうちに体力を失って、倒れてしまった。

102

プルスサウルス

アマゾンの大怪獣

ステータス
- パワー
- 凶暴性
- 瞬発力
- 速さ
- 防御力
- 攻撃力
- 頭脳
- 持久力

- 分類……………ワニ目アリゲーター科
- 生息年…………1000万年前
- 生息地域………南アメリカ
- 体長……………1100〜1300cm
- 食性……………肉食

前回の戦い VS アルクトテリウム　P.072

アルクトテリウムは、地上では動きの遅いプルスサウルスに難なく近づき、背中によじ登って攻撃した。だが、プルスサウルスは体をひねって地面を転がり、アルクトテリウムを押し潰す。体を痛めてしまったアルクトテリウムはうまく動けなくなり、プルスサウルスのえじきに！

準々決勝-2

対戦ステージ　水辺

マンモスをも狩ったという大物ハンター・スミロドンの前に、とびきりの大怪物が登場！　スミロドンのサーベルは、プルスサウルスの鱗を破れるか？

バトルシーン1
危険なアゴをかわして大ジャンプ！

自分よりはるかに小さな相手をあなどっているのか、プルスサウルスは無警戒に水から上がってくる。やや水辺から離れた場所で身を伏せて待ち構えていたスミロドンは、ジャンプして襲いかかった！

LOCK ON !!

ジャンプ
後足は短く、速く走るのは苦手だが、ジャンプ力には優れていた。空中からの奇襲は得意とするところだ。

104

バトルシーン 2
スミロドンの連続攻撃が プルスサウルスの体力を奪う

スミロドンは相手の背中にしっかりとしがみついて体を固定すると、何度も牙を突き刺した。巨大なプルスサウルスにとって一撃一撃は大したダメージではないが、積み重なれば致命傷につながる危険も!

必殺の牙が何度も背中を貫く!

LOCK ON !!

前足の力
ネコ科のなかでもとびきりたくましい前足。しっかり相手をホールドして、強い力で牙を突き刺す!

バトルシーン 3
強烈な叩きつけで 一発ノックアウト

プルスサウルスは敵を追い払うために横転。スミロドンは下敷きになる前に飛び降りる。だが、降りた場所は、プルスサウルスの尻尾の真横だった。次の瞬間、巨大な尻尾がスミロドンをはたき、弾き飛ばした!

プルスサウルスの勝ち!

コラム5

さまざまなマンモスと仲間たち

野生のゾウは、現代ではアフリカとアジアの一部でしか見ることができない。だが、ゾウの仲間はこれまでに約170種もの化石が見つかっており、かつては世界中にいたことがわかっている。ゾウにはどんな仲間がいたのだろうか？

ゾウの仲間の進化

ゾウの祖先は、4000万年ほど前にアフリカで誕生したといわれる。祖先は体も小さく、長い鼻や牙もない弱々しい動物だった。

だが、そのうちに水辺や森など、さまざまな場所に生活範囲を広げていき、体も大型化。鼻や牙も長くなっていったのだ。

ゾウの祖先

プラティベロドン
➡ P.095
- 約2300万〜500万年前
- ゾウ目ゴンフォテリウム科
- 体長約4m、肩高2〜2.5m

シャベルのような口で、泥を掘って植物の根茎を食べたといわれる。世界中の環境に適応し、よく栄えた。

デイノテリウム
➡ P.081
- 約2400万〜100万年前
- ゾウ目デイノテリウム科
- 体長約5m、肩高約4m

下アゴだけに牙をもつ、特殊な進化をとげたゾウ。体の高さは最大級。アフリカで2000万年以上も栄えた。

ステゴテトラベロドン
➡ P.096
- 約700万年前
- ゾウ目ゾウ科
- 全長約4.5m

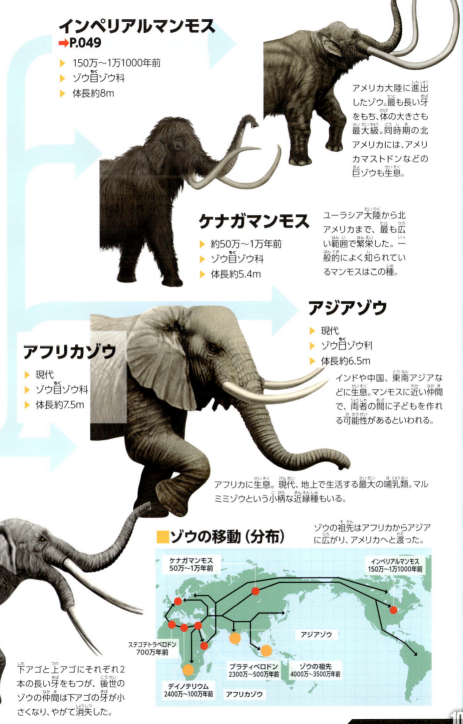

準々決勝-3

アンドリューサルクス

史上最大級の顎の怪物

- **分類** ……… メソニクス目トリイソドン科アンドリューサルクス属
- **生息年** ……… 4500万〜3600万年前
- **生息地域** ……… アジア（モンゴル）
- **体長** ……… 380cm
- **食性** ……… 肉食

大きさの比較

前回の戦い　vs ドエディクルス　P.078

アンドリューサルクスはドエディクルスの体に咬みつくが、硬い鎧に跳ね返され、さらに尻尾ではたかれてしまう。だが、それ以上の追撃は許さず、ドエディクルスの尻尾に咬みつくと強力なアゴで骨のコブを粉砕！武器を失って逃げ腰になった相手をさらに追い詰め、完勝した。

デイノテリウム

不思議な牙をもつ巨大ゾウ

レーダーチャート:
- パワー
- 凶暴性
- 瞬発力
- 速さ
- 防御力
- 攻撃力
- 頭脳
- 持久力

- **分類** ……… ゾウ目デイノテリウム科デイノテリウム属
- **生息年** ……… 2400万～100万年前
- **生息地域** ……… アフリカ、ユーラシア大陸
- **体長** ……… 500cm
- **食性** ……… 植物食

前回の戦い　vs フォルスラコス

意欲満々のフォルスラコスが、バトル開始直後からデイノテリウムをつつき、蹴飛ばして連続攻撃を仕掛けていく。最初は軽く鼻で追い払うつもりだったデイノテリウムも、あまりの猛攻に本気になって突進。フォルスラコスを突き飛ばすと、そのまま踏みつけて勝利した。

P.082

109

準々決勝-3

対戦ステージ　**草原**

アンドリューサルクスの巨大なアゴは、体格のハンデをひっくり返す危険な武器。大巨獣・デイノテリウムが相手でも、好勝負が期待できそうだ！

バトルシーン1
緊張感のあるにらみ合いでバトルスタート

アンドリューサルクスはデイノテリウムの後足に狙いをつけ、背後に回り込もうとする。デイノテリウムも相手の狙いは察しており、その場で向きを変えながら鼻を上げ下げして威嚇を続ける。

LOCK ON!!

鼻で威嚇
人間の手の代わりをするといわれるほど、ゾウの鼻は器用で力も強い。戦いでは立派な武器になる。

バトルシーン 2
アンドリューサルクスが防衛ラインを突破

体が小さいぶん、アンドリューサルクスのほうがわずかにすばしこい。ついにアンドリューサルクスはデイノテリウムの脇を走り抜け、相手の後足に咬みついた。激烈な傷みに、デイノテリウムは尻もちをつく!

LOCK ON !!

咬みつき
アゴの大きさと咬む力は、トップクラス。骨までダメージが通る、必殺の咬みつきが決まった。

バトルシーン 3
とどめを刺しにきた相手に逆転勝ち

なんとか立ち上がったデイノテリウムに、アンドリューサルクスが襲いかかる。絶体絶命の危機に陥ったデイノテリウムは、相手にのしかかった。これが功を奏し、下向きの牙がアンドリューサルクスを貫いた!

デイノテリウムの勝ち!

111

準々決勝-4

ティタノボア

すべてを呑み込む大蛇

レーダーチャート: パワー／凶暴性／瞬発力／速さ／防御力／攻撃力／頭脳／持久力

- **分類**……………有鱗目ボア科ティタノボア属
- **生息年**…………6000万～5800万年前
- **生息地域**………南アメリカ
- **体長**……………1200～1500cm
- **食性**……………肉食

大きさの比較

前回の戦い　VS エラスモテリウム　P.086

バトル序盤は、エラスモテリウムが角を相手に突きつけて圧倒。ティタノボアは角を避けて近寄ろうとするが、頭を踏まれてしまう。だが、ティタノボアはこっそり尻尾を動かし、相手に巻きつき始める。エラスモテリウムが気づいたときにはもう遅く、締めつぶされてしまった。

インペリアルマンモス

マンモスの帝王

レーダーチャート
- パワー
- 凶暴性
- 持久力
- 瞬発力
- 頭脳
- 速さ
- 攻撃力
- 防御力

- **分類**……………ゾウ目ゾウ科マンモス属
- **生息年**…………150万〜1万1000万年前
- **生息地域**………北アメリカ
- **体長**……………800cm
- **食性**……………植物食

前回の戦い vs ディプロトドン　P.090

インペリアルマンモスがディプロトドンを牙でつつき回すが、ディプロトドンは鼻先をかじって反撃。これに怒ったインペリアルマンモスは、ディプロトドンを牙ですくい上げて転がしてしまった。少々痛い目にあったものの、勝負自体はインペリアルマンモスの横綱相撲だった。

113

準々決勝-4

対戦ステージ　沼地

現代にゾウを襲うヘビはいないが、ティタノボアならインペリアルマンモスにもひけをとらない。どちらのパワーが、相手をねじふせるのか？

バトルシーン 1
インペリアルマンモスが牙で連続攻撃

インペリアルマンモスは、異常なサイズの大蛇に警戒感むき出し。巻きつかれるのを避けようと、牙を振りかざしてティタノボアを突きまくる。対するティタノボアはたくみに攻撃をかわし、にじり寄っていく。

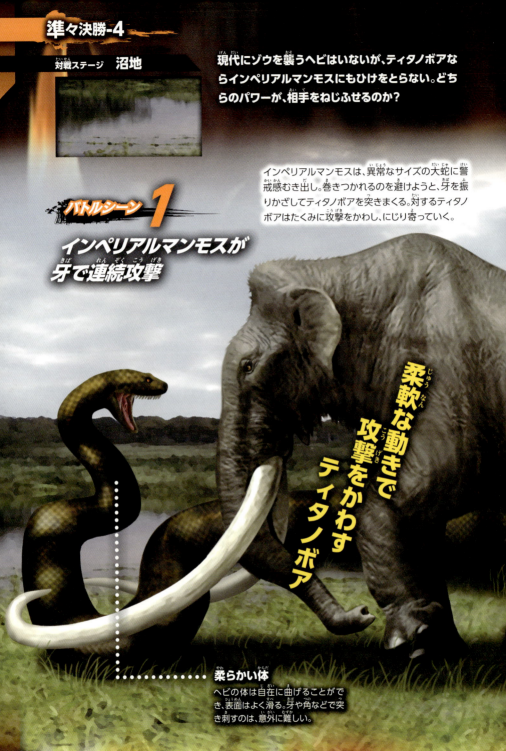

柔軟な動きで攻撃をかわすティタノボア

柔らかい体
ヘビの体は自在に曲げることができ、表面はよく滑る。牙や角などで突き刺すのは、意外に難しい。

バトルシーン2

ティタノボアが
巻きつきに成功するが……

ティタノボアは相手の足を伝ってよじ登り、胴体に巻きついていく。しかし、インペリアルマンモスの胴体は太すぎて、しっかり巻きつくことができない。これでは締めつける力も半減してしまう。

LOCK ON !!

巻きつき
巻きつき攻撃の狙いは、相手の体全体を締めつけて窒息させること。一部分だけ締めつけても効果は低い。

バトルシーン3

インペリアルマンモスが
パワーで相手を蹂躙！

インペリアルマンモスはティタノボアの頭に鼻を巻きつけて押し下げると、前足で何度も踏みつける。さらに弱ったティタノボアが離れていくと、今度は全身を何度も何度も踏み潰してとどめを刺した。

インペリアルマンモス
の勝ち！

コラム6

近年の絶滅動物たち

長い地球の歴史のなかでは、さまざまな種類の動物たちが生まれ、入れ替わるように滅びていった。そうした絶滅動物たちのなかで、ここ数百年の間に絶滅してしまった動物たちをピックアップ。もしかしたら生き残りが見つかるかも？

最近絶滅した動物と絶滅の理由

生物たちの絶滅は、長い歴史のなかであたりまえに起きてきた。だが近年、人類の文明が急速に発展し、地球の支配者を気どりはじめてからは、より早いペースで動物たちが絶滅している。その原因のほとんどには、人類の存在が大きく関連しているという！

ドードー

- 1598年発見、1681年絶滅
- ハト目ドードー科
- 体長約1m

マダガスカル島沖のモーリシャス島にいた飛べない鳥。果実などを食べる植物食性。ドードーはポルトガル語で「のろま」という意味。

絶滅の理由

警戒心が薄く動きも遅かったことから、生息地を訪れた人間たちに捕らえられて保存食にされた。また、人間が連れてきたイヌやネズミ、家畜などに卵や雛を食べられたことも絶滅の原因。

モア

- 1500年頃絶滅
- ダチョウ目モア科
- 体高約3～3.6m

ニュージーランドにいた、空を飛ばない巨大鳥。史上最も背が高い鳥といわれる。食性は植物食。足がたくましく、時速50キロほどで走ることができたという。

絶滅の理由

自然環境の変化や、ニュージーランドに移住したマオリ族による乱獲で絶滅に追い込まれた。1回の繁殖活動で生む卵の数が2～4個と少なく、いったん減り始めると歯止めがきかなかった。

ステラーカイギュウ

- 1741年発見、1768年?絶滅
- ジュゴン目ダイカイギュウ科
- 体長7～8.5m

ベーリング海に生息していた海棲哺乳類。海藻を主食とする。冷たい海で生活するため、体にたくさんの脂肪をたくわえていた。

絶滅の理由
肉がおいしく、脂肪や毛皮の利用価値も高かったため、発見直後から人間たちに乱獲された。傷ついた仲間を助けようとする習性があり、群れ単位で次々に殺されていったという。

ブルーバック

- 1800年絶滅
- 偶蹄目ウシ科
- 体長約1m

アフリカ南部に生息。シカのような外見だが、ウシの仲間。イネ科の植物を食べていた。光沢のある青灰色の美しい毛皮が特徴。

絶滅の理由
南アフリカに移民してきた人々の、スポーツとしての狩りの対象になってしまい、急速に絶滅に向かった。美しい毛皮のもち主だったことが、いっそう狩りの意欲をかき立てたといわれる。

クアッガ

- 1883年絶滅
- ウマ目ウマ科
- 体長約2m

アフリカ南部の草原に生息していたシマウマの仲間。体にはシマウマ特有の縞模様があるが、体の後ろ半分には縞がないのが特徴。

絶滅の理由
人間の進出で生息できる環境が減ったことや、皮が水袋の材料として大量に必要とされたため乱獲され、姿を消した。野生のクアッガは1861年に絶滅し、最後のクアッガはオランダの動物園で死んだ。

フクロオオカミ

- 1936年絶滅
- フクロネコ目フクロオオカミ科
- 体長1～1.3m

オーストラリアのタスマニア島に生息。カンガルーやコアラと同じく、お腹に子育てのための袋をもつ有袋類の仲間。肉食性。

絶滅の理由
元々は小型哺乳類を獲物としていたが、生息地にやってきた人間の家畜を襲ったため、害獣として駆除された。フクロオオカミの駆除には懸賞金がかけられ、次々に射殺されていったという。

117

コラム6

日本にもいた絶滅動物たち

現代の日本で見られる、ある程度体の大きい野生動物は、シカ、イノシシ、カモシカ、クマ、サルなど。だが、古代の日本には、アフリカのように多種多様な野生動物たちが生息していた。こうした動物たちは環境の変化や人間に狩られるといった理由で絶滅してしまったが、なかにはほんの少し前まで生きていた動物たちもいる。いつ頃、どんな動物がいたのか、紹介しよう。

ニホンオオカミ
- 1905年絶滅
- 食肉目イヌ科
- 体長約1～1.1m

小さな群れをつくり、シカなどを狩った。伝染病や人間による駆除などが原因で絶滅。

■ かつて日本にいた動物

エゾオオカミ	北海道に生息していたオオカミ。19世紀の終わりに絶滅した。
ヨウシトラ	数十万年前に生息。トラという名前だがライオンに近いという説も。
ナウマンゾウ	65万年～2万年前に生息。アジアゾウの仲間で体長は約4.5メートル。
ニッポンサイ	体長約3メートル。スマトラサイの仲間で、数十万年前に生息していた。
ヤベオオツノシカ	体長3メートル。手のような形の大角をもつ。15万年～1万年前に生息。
ハナイズミモリウシ	野牛(バイソン)の仲間。数万年前に生息していた。
ニホンアシカ	体長1.8～2.5メートルの大型のアシカ。1975年以降、目撃例がない。
ニホンカワウソ	体長65～80センチ。日本全国にいたが、2012年に絶滅認定された。
マチカネワニ	50万年～30万年前に生息。体長7メートルに達した巨大ワニ。

もっと昔にも、珍しい絶滅動物がいた！

上で紹介した絶滅動物は、比較的近年まで生き残っており、姿も現代の動物と似たものが多い。だが、さらに古い時代の日本には、もっと変わった姿の動物たちもいた。その代表格といえるのがデスモスチルス。カバとアザラシを足したような、不思議な姿の動物だ。化石となって発見されるのは、大昔の動物たちのほんの一部。研究が進めば、デスモスチルスのようにユニークな姿の動物が他にも見つかるかもしれない？

デスモスチルス
- 1800万年～1300万年前
- 束柱目デスモスチルス科
- 体長約1.8m

日本や北アメリカの沿岸に生息していた。水中生活に適応した体で、海に潜って海藻を食べていたという。

準決勝-1

史上最大の巨神
パラケラテリウム

- 分類 …………… 奇蹄目ヒラコドン科パラケラテリウム属
- 生息年 ………… 3600万～2400万年前
- 生息地域 ……… ユーラシア大陸
- 体長 …………… 体長 800cm、体高 550cm
- 食性 …………… 植物食

大きさの比較

前回の戦い vs ゴルゴプスカバ

P.100

地上での威嚇合戦はパラケラテリウムが貫禄勝ち。ゴルゴプスカバは水中に逃げていく。第2ラウンドの水中戦では、ゴルゴプスカバが積極的に攻撃をしかけるが、パラケラテリウムは相手を踏みつけて動きを封じる。動けなくなったゴルゴプスカバは、そのまま溺れてしまった。

120

プルスサウルス

アマゾンの大怪獣

● 分類	ワニ目アリゲーター科
● 生息年	1000年前
● 生息地域	南アメリカ
● 体長	1100〜1300cm
● 食性	肉食

前回の戦い vs スミロドン

プルスサウルスが水から上がる瞬間を狙ってスミロドンが背中に飛び乗り、何度も牙を突き刺した。プルスサウルスは地面を転がり、相手を追い払う。スミロドンはとっさに飛び退いたが、不運にもプルスサウルスの尻尾の横に着地。直後に尻尾ではたかれて気絶してしまった。

P.104

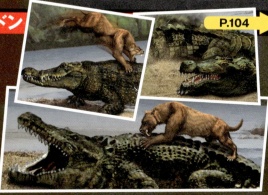

121

準決勝-1

対戦ステージ　水辺／水中

パワーやスピードなど身体能力ではパラケラテリウムに分があるが、攻撃力ではプルスサウルスが上。どちらの長所が勝機につながるのか？

バトルシーン 1

機先を制してパラケラテリウムが相手の動きを封じる

水から上がろうとしたプルスサウルスを、先手必勝とばかりにパラケラテリウムが踏みつけた。頑丈なプルスサウルスにはダメージはないが、押さえ込まれて攻撃に移ることができないようだ。

パラケラテリウムの強烈な踏みつけ！

LOCK ON!!

踏みつけ
15トンにも達する体重は、それ自体が武器になる。プルスサウルスでなければ、踏み潰されていただろう。

バトルシーン2 一瞬の加速でプルスサウルスが逆襲

動きを封じられていたプルスサウルスは、尻尾で水を叩いて猛ダッシュ。パラケラテリウムの足をはじくと、バランスを崩した相手に咬みついた。パラケラテリウムは立てなくなるほどの大ダメージを受けた!

尻尾のパワー

ワニの仲間は尻尾で水を叩き、瞬間的に加速できる。一瞬で獲物を捕らえるための、とっておきの技だ。

プルスサウルスのひと咬みが足を砕く!

LOCK ON !!

バトルシーン3

手負いのパラケラテリウムに待つ運命は……?

プルスサウルスはパラケラテリウムを水中へ引きずり込んでいく。足を痛めたパラケラテリウムに、抵抗する手段はない。このまま溺れるか、デスロールで食い破られるか、どちらにしろ勝敗は明らかだ。

プルスサウルスの勝ち!

123

準決勝-2

デイノテリウム

不思議な牙をもつ巨大ゾウ

レーダーチャート項目：パワー、凶暴性、瞬発力、速さ、防御力、攻撃力、頭脳、持久力

- **分類**……………ゾウ目デイノテリウム科デイノテリウム属
- **生息年**…………2400万～100万年前
- **生息地域**………アフリカ、ユーラシア大陸
- **体長**……………500cm
- **食性**……………植物食

大きさの比較

前回の戦い　vs アンドリューサルクス　P.110

執拗に後足を狙うアンドリューサルクスとデイノテリウムの駆け引きが続いたが、隙を突いてアンドリューサルクスが突撃。デイノテリウムの後足を咬み、深い傷を与える。だがデイノテリウムは、とどめを刺しにきた相手にのしかかり、牙で背中を貫いて逆転勝ちを収めた。

124

インペリアルマンモス

マンモスの帝王

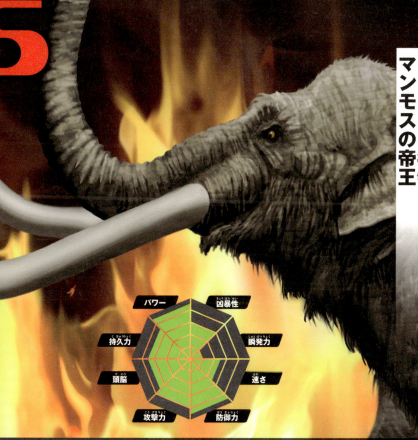

- パワー
- 凶暴性
- 瞬発力
- 速さ
- 防御力
- 攻撃力
- 頭脳
- 持久力

- 分類　　　ゾウ目ゾウ科マンモス属
- 生息年　　150万～1万1000年前
- 生息地域　北アメリカ
- 体長　　　800cm
- 食性　　　植物食

前回の戦い VS ティタノボア

P.114

インペリアルマンモスの牙をかわして接近したティタノボアが、相手に巻きついた。しかし、インペリアルマンモスの胴体が太すぎて、うまく締めつけられない。インペリアルマンモスは鼻でティタノボアの頭を捕まえて、地面に押しつけて踏みにじり、体も踏みつぶしてしまった。

125

準決勝-2

対戦ステージ　草原

史上最大級のゾウの仲間が激突！　両者の体格やパワーはほぼ互角。まったく違う形をした牙の使い方が、勝敗のカギを握りそうだ。

バトルシーン 1

力比べは
デイノテリウム有利？

向かい合った2頭の巨ゾウは、鼻で相手の様子を探りながら押し合いを始めた。まずは相手の力をはかっているのだろうか。デイノテリウムがわずかに上をとるような形になり、押し気味に戦いを進めている。

LOCK ON !!

鼻の攻防
相手に触って様子を確かめたり、押さえつけり。戦いにおいても、ゾウの鼻は重要な役目を果たす。

見ごたえのある
巨獣の力比べ

126

牙が折れるほどの激しい打ち合い!

牙の破損
長い牙は、それだけ根元にかかる負担が大きい。ゾウ同士のケンカで牙が折れる事故は少なくない。

バトルシーン 2
超パワーの激突でハプニングが発生!

様子見を兼ねた力比べは終わり、牙を使った打ち合いが始まった。この勝負は、長い牙をもつインペリアルマンモスが優勢。だが、両者のパワーが強すぎて、インペリアルマンモスの牙が1本折れてしまった!

バトルシーン 3
大ピンチからカウンター攻撃で逆転!

牙を1本失ったインペリアルマンモスが後退すると、勢いづいたデイノテリウムは勝負を決めようと突進した。だが、インペリアルマンモスは残った牙で反撃。デイノテリウムの口を牙で貫き、逆転勝利した。

インペリアルマンモスの勝ち!

コラム7

その他のハンターたち

スミロドンをはじめ、プルスサウルス、アルクトテリウムなど、本編のトーナメントには、古代の名だたるハンターたちが参戦している。しかし、強力な武器をもち、狩りの技術に長けた名ハンターは、他にもたくさんいたのだ。

狩りが得意な絶滅動物たち

捕食者たちは巨大な獲物を狩ったり、より多くの獲物をとるために、爪や牙などの武器を発達させ、狩りの技術に磨きをかけた。そうした歴史が繰り返された結果、古代の世界にはさまざまな分野に秀でた一流のハンターたちが誕生した。

ホモテリウム

- 300万～1万年前
- 食肉目ネコ科
- 体長約1～2m

アフリカやユーラシア大陸、南北アメリカまで広大な範囲に生息。薄い刃物のような牙をもち、シミターキャット※とよばれる。

シャープな剣をもつ猫

※シミター：片刃の湾曲した刀。三日月刀ともいわれる。

ヒエノドン

- 4780万年～2300万年前
- 食肉目ヒエノドン科
- 体長約1m

体に対して頭が大きく、鋭い牙や肉を切り裂くのに適した奥歯をもっていた。ネコのようにすばしこく、狩りがうまかったという。

すばやい狩りの達人

ケレンケン

- 1500万年前
- ノガンモドキ目フォルスラコス科
- 体高約3m

空を飛ばない鳥。45センチもある巨大なクチバシで、獲物の肉をついばんだ。当時の南アメリカでは、最強の捕食者だったようだ。

パキディプテス
（ジャイアントペンギン）

- 3600万～3450万年前
- ペンギン目ペンギン科
- 体長約1.4～1.6m

立ち上がると人間に近い高さがあり、体重は100キロ近くにもなったという超巨大ペンギン。泳ぎがうまく魚を獲物にしていた。

アルクトドス
（ショートフェイスベア）

- 80万～1万年前
- 食肉目クマ科
- 体長約2.7～3m

現代のクマに比べてスマートで、足がすらりと長い。走ることが得意で、獲物を追いかけて捕らえる俊足のハンターだったようだ。

アンフィキオン

- 3000万～1400万年前
- 食肉目アンフィキオン科
- 体長約2m

クマに近い体型だが、歯の形はオオカミに似る。ヒグマのように他の動物を襲ったり、植物を食べたりする雑食性だったらしい。

129

決勝

プルスサウルス
アマゾンの大怪獣

- 分類 …………… ワニ目アリゲーター科
- 生息年 ………… 1000万年前
- 生息地域 ……… 南アメリカ
- 体長 …………… 1100～1300cm
- 食性 …………… 肉食

大きさの比較

パワー / 凶暴性 / 瞬発力 / 速さ / 防御力 / 攻撃力 / 頭脳 / 持久力

前回の戦い　vs パラケラテリウム

水から上がり、襲いかかろうとするプルスサウルスを、パラケラテリウムは踏みつける。しかし、プルスサウルスは尻尾で水を叩いて跳ね、パラケラテリウムの足に咬みついた。強力なアゴの力でパラケラテリウムの足は重傷を負い、そのまま水中へと引きずり込まれていった。

P.122

インペリアルマンモス

マンモスの帝王

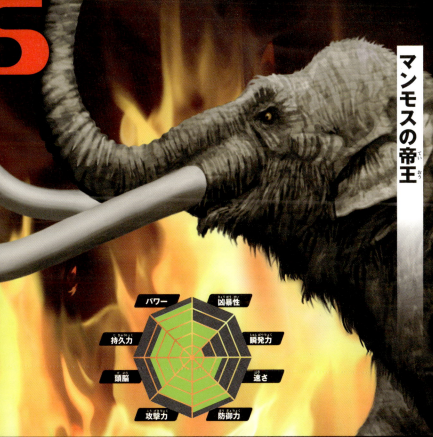

レーダーチャート項目: パワー / 凶暴性 / 瞬発力 / 速さ / 防御力 / 攻撃力 / 頭脳 / 持久力

- 分類 …………… ゾウ目ゾウ科マンモス属
- 生息年 ………… 150万～1万1000年前
- 生息地域 ……… 北アメリカ
- 体長 …………… 800cm
- 食性 …………… 植物食

前回の戦い vs デイノテリウム

P.126

押し合いで力比べをしたあと、戦いは牙を使った打ち合いへと展開する。その最中にインペリアルマンモスの片方の牙が、パワーに耐えきれず折れてしまう。このチャンスにデイノテリウムが突進。だが、インペリアルマンモスは残った牙で迎え撃ち、相手の口を刺して勝利した。

131

決勝

対戦ステージ **沼地**

決勝戦は、史上最大級のワニとゾウによる超ド級対決。頑健な体とパワー、強力な武器を備えた両雄は、どちらが勝っても王者にふさわしい！

バトルシーン 1

インペリアルマンモスが慎重に攻撃開始

長大な牙がプルスサウルスの巨体を刺す！

インペリアルマンモスはプルスサウルスに近づくことを避け、長い牙を使って遠くから攻める。プルスサウルスは大きく口を開けて威嚇するが、体のあちこちを牙で突かれて押され気味だ。

LOCK ON!!

牙で攻撃
4メートルもある牙は、さしずめ長槍のようなもの。相手が手を出せない距離から、一方的に攻撃できる。

バトルシーン 3

必殺のデスロールが炸裂！

インペリアルマンモスは鼻をちぎられてはたまらないと、相手に接近。待ち構えていたプルスサウルスは、すかさず前足の付け根に咬みついた。次の瞬間、プルスサウルスは体をひねり、デスロールが炸裂！

バトルシーン 2
プルスサウルスが片目を犠牲にして反撃開始

防戦一方だったプルスサウルスは、牙による攻撃を受けながら強引に近づいていくが、片目を牙で突き刺されてしまう。だが、その傷と引き替えに、ついにインペリアルマンモスの鼻に食らいついた!

肉を切らせて骨を断つプルスサウルス

LOCK ON!!

咬みつき
巨大アゴと鋭い歯で、インペリアルマンモスの鼻をがっちりキャッチ。無理に引っ張ればちぎれそうだ。

頂点はプルスサウルス!

133

～戦いを

王者・プルスサウルスの圧倒的な強さ

絶滅動物たちが時代を超えて激突したトーナメントを制したのは、太古の巨大ワニ・プルスサウルスだった。並いる強豪たちを倒してプルスサウルスが優勝できたポイントは、どこにあったのだろうか？　まず挙げられるのは、その巨大な体格とパワーだろう。動物たちの戦いでは、人間同士の戦いのように作戦を練ったり罠を張ったりすることはなく、純粋な力と力のぶつかり合いになることがほとんど。体が大きく力が強いということは、それだけで強力なアドバンテージになる。それに加えて、地面を転がったり尻尾で水を叩いてダッシュするなど、意外に高い運動能力を備えていたことも勝因のひとつ。準決勝の相手パラケラテリウム、決勝の相手インペリアルマンモスは体格やパワーでは差のない相手だったが、どちらも一瞬の隙をついて咬みかかり、必殺のアゴの一撃で仕留めてしまった。また、こうした巨大なライバルとの戦いでは、姿勢の低さも有利に働いた。プルスサウルスの側から見れば目の前の相手に咬みつけばいいだけだが、相手側は危険なアゴを避けながら足下の敵に対処するという難しい戦いを強制される。パラケラテリウムやインペリアルマンモスにとっては戦いにくい相手で、本来の実力を完全には発揮できなかったのではないだろうか。

こうした点を考慮すると、トーナメントでは未対決に終わったが、ディノテリウムやメガテリウムのような巨獣たちと戦っても、プルスサウルスの勝利は動かないと思われる。

ベスト4の実力者たち

優勝は逃したものの、準優勝のインペリアルマンモスと準決勝まで勝ち上がったパラケラテリウム、ディノテリウムも、ほとんどの戦いで安定した実力を示した。彼らもプルスサウルスと同じく、巨大な体とパワーが最大の武器。特にパラケラテリウムは体格では抜

終えて〜

きん出た存在で、勝った戦いはすべて相手をねじ伏せる圧勝劇だった。また、インペリアルマンモスとデイノテリウムは、相手の攻撃の狙いを察したり劣勢でも最後まで勝利の道を探すなど、知能の高さやねばり強さも備えていた。ベスト4に残った動物たちは、他の参加者に比べて頭ひとつ抜けていたといえるだろう。

一芸に秀でた注目株

ベスト4に入ったデイノテリウムをかなり苦しめたのが、アンドリューサルクス。万力のようなとてつもないパワーを秘めたアゴを武器に、ドエディクルスの尻尾を粉砕し、デイノテリウムには膝をつかせた。安定した成績を挙げるのは難しいが、当たれば一撃で勝負を決められるほど強力な武器をもっている動物は、総合的な実力では上位の相手にも勝つ可能性があり、魅力的だ。

大きな獲物を倒すために特化して進化を遂げたスミロドンも、同じような位置づけ。トーナメントではダエオドンやメガテリウムといった巨獣に自慢のサーベル牙を突き立て、見事に倒してみせた。パラケラテリウムやデイノテリウム、インペリアルマンモスらと戦っても、勝利のチャンスがあったのではないだろうか。

トーナメントの組み合わせが違っていれば、結果もかなり違ったものになったかもしれない。

絶滅動物たちの真の能力

本書のトーナメントではできるだけ最新の研究に基づいて絶滅動物たちの能力を推定してバトルをシミュレートしたが、我々が知らない優れた能力をもっていて、トーナメントでも活躍できた動物がいた可能性がある。古代の動物たちに関する研究は今現在も進んでおり、その生態や能力について新事実が続々と判明している。王者・プルスサウルスの座を脅かす新たな強豪も、いずれ登場するかしれない。

動物の知識が深まる 用語集

動物の大きさのはかり方、関連する用語などを解説。動物の大きさのはかり方はいろいろな方法があるので、違いを覚えておこう。

大きさのはかり方

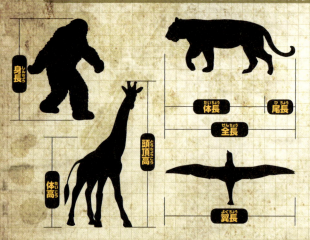

全長 頭部の先端（鼻先や口先）から尻尾の先端までの長さ。

体長 頭からお尻までの長さ。全長から尾長を引いた数値。

尾長 尻尾の根元から先端までの長さ。

身長 頭頂から地面までの高さ。おもに人間の計測に用いる。

頭頂高 頭頂から地面までの高さ。おもに動物の計測で使われる。

体高 頭頂、または背中の最も高い位置から地面までの高さ。

翼長 翼を広げたときの幅。翼開長と呼ばれることもある。

用語（50音順）

握力
物を握ったりつかんだりする力の強さ。人間やサルの仲間以外のほとんどの動物は、手が物をつかめる構造になっていないので握力はゼロだ。

威嚇
毛を逆立てて体を大きくみせたり、大きなうなり声をあげて相手を脅かす行動。無用な争いを避けるため警告の意味で行われることが多い。

鱗
体の表面をおおう板状の組織。人間の爪のように硬く、攻撃から身を守る役目をもつ。魚類や爬虫類、一部の哺乳類などに見られる。

海棲哺乳類
おもに海で生活する哺乳類のこと。クジラ類やアシカ、アザラシ、ラッコ、ジュゴンなど。海獣と呼ばれることもある。

カギ爪
湾曲した爪のこと。ほとんどの場合、先端は鋭く尖っている。滑りやすい地面に突き刺して歩行を助けたり、戦いのための武器に使われる。

化石
生物の死骸が土に埋まり、長い年月をかけて形を残したまま別の物質に変化したもの。足跡や巣を作った跡が化石として残ることもある。

牙
大きく発達した歯のこと。スミロドンに代表される古代のネコ科肉食獣のなかには、巨大な牙をもつものが多かった。

近縁種
生物学上の分類で近い関係にある種。どこまでの範囲を指すのかについての定義はあいまい。マンモスとアジアゾウは近縁種といわれる。

犬歯

門歯（前歯）と臼歯（奥歯）の間にある歯。人間の場合は歯茎の中央から3番目が犬歯。この歯が発達し、牙と呼ばれている動物が多い。

雑食

草や果実など植物性の食べ物と、動物の肉や昆虫など動物性の食べ物の、両方を食べる食性。バランスは動物ごとに異なる。

出血

皮膚や血管が傷つき、血が出ること。あまりに多くの血を失うと、その動物は動きが鈍っていき、やがて意識を失って死んでしまう。

植物食

木の葉や皮、根、果実など植物性の食べ物を食べること。ただし、植物食の動物でも、ごく少ない割合で動物性の食べ物をとることもある。

進化

生物が世代を重ねていくうちに、じょじょに姿を変化させていくこと。生活環境の変化や、外敵に対抗するために進化する例がよく見られる。

新生代

約6500万年前から現代までの時代。前時代の中生代には恐竜が繁栄していたが、中生代の終わりに絶滅。代わって鳥類と哺乳類が繁栄した。

脊椎

背骨のこと。魚類、両生類、爬虫類、鳥類、哺乳類は脊椎があるので、脊椎動物と呼ばれる。脊椎をもたない昆虫や貝は無脊椎動物という。

絶滅

ひとつの生物種がすべて死に絶えること。地球上に生物が誕生して以来、長い年月のなかで数多くの生物種が絶滅してきた。

窒息

呼吸ができなくなること。肉食動物が狩りのときに獲物の喉を咬むのは、呼吸をできなくし、窒息死させるためでもある。

角

動物の頭部にある、突き出た部分。頭の骨が変化してできたものが多いが、サイの仲間の角は体毛が変化したもので、化石には残りにくい。

DNA

生物の細胞の中にある、遺伝に関する情報を記憶している物質。この遺伝情報を利用して、絶滅動物を復活させる研究も進められている。

肉食

動物の肉や昆虫など、動物性の食べ物を食べること。狩りで獲物を捕らえる動物だけでなく、死んだ動物を主食にしているものもいる。

蹄

ウマやウシの足先にある、大きく硬い爪。より速く走るために発達した爪の形で、地面をしっかりとらえることができる。

氷河期

数万年単位という長い時間、地球の気温が低下する期間。新生代のほとんどは氷河期にあたり、南極が氷の世界になったのも新生代から。

捕食者

狩りをして他の動物を捕らえて食べる肉食性の動物。コンドルのようにおもに動物の死体を食べる動物は、捕食者とは呼ばない。

有袋類

お腹に育児嚢と呼ばれる袋をもち、その中で子育てをする哺乳類の一種。カンガルーやコアラ、ウォンバットなどがこの仲間。

もっと知りたい 絶滅動物データ

この本に登場した動物たちのデータを、50音順に紹介。掲載ページを参照して、その生態や戦いぶりを確認してみよう。

アルクトテリウム　P.031・070・103

上腕骨の大きさがゾウと同じくらいあり、後足で立ち上がったときの高さは350センチ、体重は1600キロに達したという、史上最大級のクマ。肉食性が強く、当時の南アメリカで最も強力な捕食者であったといわれる。

- 生息年 ▶▶▶ 200万～50万年前
- 生息地 ▶▶▶ 南アメリカ
- 体長 ▶▶▶ 350cm
- 食性 ▶▶▶ 肉食

アルゲンタヴィス　P.048・088

コンドルに近い仲間で、空を飛ぶ鳥類では最も大きかったといわれる。長い翼で上昇気流を受け、あまり羽ばたかずに空を飛んだ。コンドルやハゲワシなどと同じで、主に動物の死骸を食べる腐肉食性だった可能性が高い。

- 生息年 ▶▶▶ 800万～600万年前
- 生息地 ▶▶▶ 南アメリカ
- 体長 ▶▶▶ 体長150cm、翼長700～750cm
- 食性 ▶▶▶ 肉食

アンドリューサルクス　P.076・108・124

頭の骨の長さが80センチ以上もあり、陸上で生活する肉食性の哺乳類としては史上最大級のアゴをもつ動物。アゴや歯の構造から咬む力が強かったと推測されており、貝や動物の骨などの硬いものを主食にしていたといわれる。

- 生息年 ▶▶▶ 4500万～3600万年前
- 生息地 ▶▶▶ アジア（モンゴル）
- 体長 ▶▶▶ 380cm
- 食性 ▶▶▶ 肉食

アンブロケトゥス　P.022・062

4本の足で地上を歩くこともできた、原始的なクジラの仲間。陸上よりも水中生活に適応した体つきで、浅瀬に体を沈めて身を隠して近づく獲物に襲いかかる、ワニのような待ち伏せ型のハンターだったと考えられている。

- 生息年 ▶▶▶ 5000万～4900万年前
- 生息地 ▶▶▶ アジア（パキスタン、インド）
- 体長 ▶▶▶ 300cm
- 食性 ▶▶▶ 肉食

インペリアルマンモス　P.049・088・113・125・131

北アメリカ大陸まで進出した、史上最大級のゾウの仲間。牙の長さは4メートル以上に達し、大きく湾曲していたため先端が重なることもあった。暖かい地方で暮らしていたため、現代のゾウと同じように体毛があまりなかった。

- 生息年 ▶▶▶ 150万～1万1000年前
- 生息地 ▶▶▶ 北アメリカ
- 体長 ▶▶▶ 800cm
- 食性 ▶▶▶ 植物食

エラスモテリウム　P.044・085・112

現代最大のサイであるシロサイよりひとまわり大きな体格で、額の上に2メートルに達する長い角をもつサイ。寒い地方に生息し、全身が長い毛でおおわれていた。現代のサイより足が長く、巨体だが速く走れたといわれる。

- 生息年 ▶▶▶ 258万～1万年前
- 生息地 ▶▶▶ ユーラシア大陸
- 体長 ▶▶▶ 500cm
- 食性 ▶▶▶ 植物食

エンボロテリウム P.030・070

サイに近い仲間で、鼻の上にヘラのように平たい角をもつ。サイの角は体毛が変化してできているが、エンボロテリウムの角は鼻の骨が伸びてできたもので、長さは70センチに達した。この角を使って、仲間同士で争ったようだ。

- 生息年 ▶▶▶ 4000万～3500万年前
- 生息地 ▶▶▶ アジア（モンゴル）
- 体長 ▶▶▶ 430cm
- 食性 ▶▶▶ 植物食

オオツノジカ P.045・085

オスの頭には、左右の幅が3.5メートルにもなる巨大な角が生えていた。角の重さは50キロほどあり、重量を支えるために首の筋肉が太く発達している。大人のオスはこの角を使い、メスをめぐって他のオスと力比べをしていた。

- 生息年 ▶▶▶ 200万～1万2000年前
- 生息地 ▶▶▶ ユーラシア大陸
- 体長 ▶▶▶ 250～310cm
- 食性 ▶▶▶ 植物食

カリコテリウム P.040・080

ウマやサイの仲間に近い動物だが、前足が長く発達し、蹄ではなくカギ爪をもつ。この前足を使って木の枝をたぐり寄せ、葉を食べていたという。歩くときはゴリラのように手を丸めて、ナックルウォーキングで移動した。

- 生息年 ▶▶▶ 2300万～250万年前
- 生息地 ▶▶▶ ユーラシア大陸
- 体長 ▶▶▶ 200cm
- 食性 ▶▶▶ 植物食

カリフォルニアライオン P.058・098

現代のライオンによく似た姿だが、体がひとまわり以上大きく足も長い。草原で獲物を追い回す生活に適した体形をしている。アメリカライオンとも呼ばれる。当時の北アメリカでは、捕食者の頂点に君臨していた。

- 生息年 ▶▶▶ 258万～1万年前
- 生息地 ▶▶▶ 北アメリカ
- 体長 ▶▶▶ 170～250cm
- 食性 ▶▶▶ 肉食

ギガントピテクス P.036・077

歯とアゴの一部の化石しか発見されていないが、今までに見つかっている霊長類では最大級の体格と推測されている。主に竹や果物を食べる植物性で、ゴリラやオランウータンに近い生活をおくっていたと考えられている。

- 生息年 ▶▶▶ 100万～30万年前
- 生息地 ▶▶▶ アジア（中国、インド、ベトナム）
- 体長 ▶▶▶ 300cm
- 食性 ▶▶▶ 植物食

ゴルゴプスカバ P.023・062・099・120

現代のカバとよく似た姿だが、体はさらに大きい。目が高い位置にあり、頭を水中に沈めたまま、潜水艦の潜望鏡のように目だけ水面から出してあたりの様子を確認できた。巨大な牙で水草を掘って食べていたようだ。

- 生息年 ▶▶▶ 258万～1万年前
- 生息地 ▶▶▶ アフリカ
- 体長 ▶▶▶ 400～500cm
- 食性 ▶▶▶ 植物食

スミロドン

P.026・067・102・121

生息年	300万～10万年前
生息地	北アメリカ、南アメリカ
体長	190～210cm
食性	肉食

長さ20センチ以上にもなる、長大な牙をもつ肉食獣。牙を剣に見立てて、「サーベルタイガー」とも呼ばれる。待ち伏せ型の狩りが得意で、マンモスやバッファローのような大型の動物に牙を突き立て、弱らせて倒したという。

ダエオドン

P.027・067

生息年	2400万～1100万年前
生息地	北アメリカ
体長	300cm
食性	雑食

イノシシに似た姿の大型動物。体に対して頭が大きく、頭骨の長さは90センチもあった。鼻の穴が横向きについていることから鼻先で地面を掘り返す習性があったと考えられており、植物の根茎や小動物を食べていたといわれる。

ティタノボア

P.084・112・125

生息年	6000万～5800万年前
生息地	南アメリカ
体長	1200～1500cm
食性	肉食

現代で最大級のヘビ・アナコンダに近い仲間で、体重は1トンに達したという史上最大級の大蛇。アナコンダと同じように水中での生活を好み、水辺で待ち伏せして近づいてきた獲物を絞め殺して食べていたと考えられている。

デイノテリウム

P.081・109・124・131

生息年	2400万～100万年前
生息地	アフリカ、ユーラシア大陸
体長	500cm
食性	植物食

下アゴに牙をもつゾウの仲間。体の大きさはゾウの仲間でも史上最大級。牙の使い方についてはさまざまな推測がなされているが、先端にはすり減った跡が残っており、木の皮を剥いだり岩塩を掘るために使われたという説が有力。

ディプロトドン

P.089・113

生息年	100万～6000年前
生息地	オーストラリア
体長	300～330cm
食性	植物食

カンガルーのようにお腹の袋で子どもを育てる有袋類と呼ばれるグループの動物。現代のウォンバットに近く、当時のオーストラリアでは最大級の体格を誇った。草原や見通しのいい林に住み、さまざまな植物を食べていた。

ドエディクルス

P.037・077・108

生息年	258万～1万年前
生息地	南アメリカ
体長	360～400cm
食性	植物食

アルマジロに近い仲間で、全身が骨の板でできた装甲板でおおわれている。身を隠すものがほとんどない開けた草原で暮らしていたが、頑丈な走行で身を守り、トゲのコブがついた尻尾を振り回して敵を追い払うことができた。

140

パラケラテリウム

P.018・059・098・120・130

生息年 ▶▶▶ 3600万〜2400万年前
生息地 ▶▶▶ ユーラシア大陸
体長 ▶▶▶ 体長800cm、体高550cm
食性 ▶▶▶ 植物食

陸上で生活する哺乳類では、史上最大の体格を誇る巨獣。首や足が長くウマに似た姿をしているが、サイに近い動物。キリンのように背の高い樹木の葉を食べていたとされる。鈍重な動物ではなく、速く走れた可能性が高い。

フォルスラコス

P.041・080・109

生息年 ▶▶▶ 4500万〜500万年前
生息地 ▶▶▶ 南アメリカ
体長 ▶▶▶ 150〜300cm
食性 ▶▶▶ 肉食

地上で生活した大型の肉食鳥。スマートな体形でたくましい足をもち、かなりの速さで走ることができたという。狩りのときは30センチ以上もある巨大なクチバシを獲物に叩きつけ、くわえて振り回して仕留めたと考えられている。

プルスサウルス

P.071・103・121・130

生息年 ▶▶▶ 1000万年前
生息地 ▶▶▶ 南アメリカ
体長 ▶▶▶ 1100〜1300cm
食性 ▶▶▶ 肉食

恐竜が生きていた時代にいたデイノスクスやサルコスクスといった巨大ワニと並び、史上最大級といわれるワニ。頭骨は幅が広く大きな獲物を捕らえるのに適した形で、水辺に近づく大型の哺乳類やカメなどを狙っていたという。

プロコプトドン

P.063・099

生息年 ▶▶▶ 78万〜1万年前
生息地 ▶▶▶ オーストラリア
体長 ▶▶▶ 300cm
食性 ▶▶▶ 植物食

史上最大級のカンガルーで、立ち上がると高さは300センチ近くになった。顔がつぶれたような形で、ショートフェイスカンガルーとも呼ばれる。現代のカンガルーと同じように力強く地面を蹴り、ジャンプして移動していた。

メガテリウム

P.066・102

生息年 ▶▶▶ 164万〜1万年前
生息地 ▶▶▶ 南アメリカ
体長 ▶▶▶ 600cm
食性 ▶▶▶ 植物食

地上で生活するようになったナマケモノの仲間で、当時の南アメリカでは最大の巨獣。尻尾で体を支えて立ち上がることができ、前足の大きなカギ爪を樹木の枝に引っかけ、口元にたぐり寄せて葉を食べていた。

メガラニア

P.019・059

生息年 ▶▶▶ 200万〜2万年前
生息地 ▶▶▶ オーストラリア
体長 ▶▶▶ 500〜700cm
食性 ▶▶▶ 肉食

オーストラリアに生息するペレンティーオオトカゲに近い仲間で、史上最大級のトカゲといわれる。アゴには現代のオオトカゲ類よりも大きめの牙が並び、肉食性であったことは確実。哺乳類を獲物にしていたと考えられている。

エキシビジョン

ディアトリマ P.052
ハルパゴルニスワシ P.052

バシロサウルス P.092
メガロドン P.092

その他

アルクトドス P.129
アルシノイテリウム P.094

ドードー P.118
ニホンオオカミ P.116

アンフィキオン P.129
イブクロコモリガエル P.095

パキディプテス P.129
ヒエノドン P.128

オドベノケトプス P.096
クアッガ P.117

フクロオオカミ P.117
プラジオメネ P.095

ケレンケン P.129
ゴクラクインコ P.095

プラティベロドン P.095
ブルーバック P.117

ステゴテトラベロドン P.096
ステラーカイギュウ P.117

ホモテリウム P.128
マクラウケニア P.096

ティラコスミルス P.094
デスモスチルス P.118

モア P.116

142

参考文献

『猛獣もし戦わば』

著 小原秀雄 （廣済堂出版）

『新版 絶滅哺乳類図鑑』

著 冨田幸光 （丸善）

『図説アフリカの哺乳類 その進化と古環境』

著 Alan Turner、著 Mauricio Anton、翻訳 冨田幸光 （丸善）

『大むかしの生物 （小学館の図鑑 NEO）』

監修 日本古生物学会 （小学館）

『絶滅した奇妙な動物』

著 川崎悟司 （ブックマン社）

『絶滅した奇妙な動物 2』

著 川崎悟司 （ブックマン社）

『地上から消えた動物』

著 ロバート・シルヴァーバーグ、翻訳 佐藤高子 （早川書房）

『マンモスのつくりかた : 絶滅生物がクローンでよみがえる』

著 ベス・シャピロ、翻訳 宇丹貴代実 （筑摩書房）

『謎の絶滅動物たち』

著 北村雄一 （大和書房）

『NHK スペシャル 生命大躍進』

（NHK 出版）

『絶滅動物 調査ファイル （「もしも？」の図鑑）』

著 里中遊歩、監修 今泉忠明 （実業之日本社）

『絶滅動物データファイル 』

監修 今泉忠明、イラスト 平野めぐみ （祥伝社）

『絶滅野生動物の事典』

監修 今泉忠明 （東京堂出版）

『日本の古代獣』

著 實吉達郎 （大陸書房）

『古代猛獣たちのサイエンス』

著 實吉達郎 （PHP 研究所）

『絶滅動物のひみつ 1～4 （学研まんが・新ひみつシリーズ）』

監修 今泉忠明、まんが 下栃棚正之 （学研）

『大昔の動物 （学研の図鑑）』

（学研）

※そのほか、多くの書籍、Web サイト、新聞記事、映像を参考にさせていただいております。

143

【監修】

實吉達郎 (さねよし たつお)

動物学者、動物研究家。1929年、父の赴任地・広島で生まれる。東京農業大学を卒業し、三里塚御料牧場、野毛山動物園に勤務。1955年から1962年まで、ブラジルへ移住し、移民生活をしながらアマゾナス州その他で動物研究を行う。帰国後は、動物ライター、ノンフィクションライターとして活躍。テレビ、ラジオ出演多数。日本シャーロック・ホームズ・クラブ会員。著書は『動物最強王図鑑』(学研プラス)、『實吉達郎の動物解体新書』(新紀元社)、『おもしろすぎる動物記』(ソフトバンククリエイティブ) など90冊を超える。

絶滅動物最強王図鑑

2016年7月27日　　第1刷発行	
2018年6月22日　　第8刷発行	

監　修	實吉達郎	編集・構成	絶滅動物最強王委員会
発行人	金谷敏博		(斉藤秀夫、花倉渚)
編集人	川畑勝	イラスト	トシ (平井敏明)
編集長	目黒哲也	ライティング	松本英明
発行所	株式会社 学研プラス	デザイン	黒川篤史 (CROWARTS)
	〒141-8415	編集協力	高木直子、松原由幸
	東京都品川区西五反田2−11−8	動物シルエット	松岡正記
印刷所	中央精版印刷株式会社	協力	株式会社NOT INCLUDE
			むかい誠一

●お客様へ

ご購入・ご注文は、お近くの書店様へお願いいたします。

この本に関する各種お問い合わせ先
【電話の場合】
○編集内容については、
　TEL：03-6431-1580 (編集部直通)
○在庫・不良品 (乱丁・落丁) については、
　TEL：03-6431-1197 (販売部直通)
【文書の場合】
〒141-8418　東京都品川区西五反田2−11−8
学研お客様センター「絶滅動物最強王図鑑」係

この本以外の学研商品に関するお問い合わせは、
TEL：03-6431-1002 (学研お客様センター)

©Gakken Plus　2016 Printed in Japan

本書の無断転載、複製・複写 (コピー)、翻訳を禁じます。
本書を代行業者等の第三者に依頼してスキャンやデジタル化することは、たとえ個人や家庭内の利用であっても、著作権法上、認められておりません。
複写 (コピー) をご希望の場合は、下記までご連絡ください。
日本複製権センター　TEL：03-3401-2382
http://www.jrrc.or.jp　E-mail:jrrc_info@jrrc.or.jp
Ⓡ〈日本複製権センター委託出版物〉

学研の書籍・雑誌についての最新情報・詳細情報は、下記をご覧ください。
学研出版サイト　http://hon.gakken.jp/